예제로 배우는

해 석 학

차영준 지음

教友社

머리말

이 책은 해석학을 처음 접하는 학생들이 좀 더 쉽게 해석학을 이해할 수 있게 하기 위해 만들어진 책이다.

해석학은 미적분학을 엄밀히 다루는 학문으로써 보통 대학교 1학년 때 미적분학을 배우게 되고 2학년 때 해석학개론을 배우게 된다. 해석학은 학문의 특성상 매우 엄밀하고 독창적인 사고를 필요로 하기 때문에 1학년 때 미적분학을 잘 했던 학생들 중에서도 2학년 과정의 해석학개론 과목에서는 어려움을 겪는 경우가 매우 많다.

또한 대학에서 사용되는 대부분의 해석학개론 교재들은 본문에 예제들이 어느 정도 나와 있기는 하지만 보통 어려운 예제들인 경우가 많고, 연습문제의 경우도 그 문제의 수가 매우 제한적이며 완벽한 풀이를 담고 있지는 않은 경우가 많다.

이 책은 위와 같은 기존 해석학 교재들의 기본 형식에서 탈피하여 예제를 중심으로 만든 일종의 문제집이라고 볼 수 있다.

따라서 이 책은 매 장이 '정의, 정리 및 기본성질', 'O, X문제', '기본예제', '필수예제' 등의 네 절로 나누어져 있다. 보통의 다른 교재에서 배운 내용을 '정의, 정리 및 기본성질'을 통해 간단히 복습하고 나서 O, X문제를 통하여 기본 개념을 어느 정도 익힌 후 '기본예제' 및 '필수예제'를 풀어보면 된다.

'정의, 정리 및 기본성질'에서 정리나 성질의 증명은 이 책의 특성상 대부분 생략되어 있으므로 그 부분을 좀 더 알아보고 싶은 독자가 있다면 참고문헌에 나와 있는 다른 책을 통해 익히면 된다.

해석학을 공부하는 가장 좋은 방법은 많은 시간을 들여 한 문제, 한 문제 스스로 풀어가는 것이다. 문제의 해답을 보기 전에 일단 자기 스스로 문제를 풀어보고 푸는 과정에서 어느 순간 '깨우침'을 얻는다면 가장 좋을 것이다. 물론 처음 해석학을 배우는 학생 입장에서 모든 문제가 쉽게 풀리지는 않을 것이다. 그럼에도 불구하고 스스로 생각하는 시간을 어느 정도 갖고 나서 해답을 본다면 그 문제가 갖는 의미라든지, 아니면 왜 하필 이 문제에서 이런 방법을 사용할 수밖에 없었는지에 대한 것을 이해할 수 있게 된다.

이 책 역시 무턱대고 문제와 답을 그대로 읽어 간다면 아무 도움이 되지 않는다. 일단 문제를 보고 나서 그 해법을 스스로 연구해 본 후 잘 풀리지 않을 때 답을 보기를 권한다.

이 책의 목표는 다양한 문제 풀이의 방법을 제시하여 해석학의 깊은 의미를 깨닫게 하는 것이며 이를 통해 수학적 사고의 수준을 높이려는 것이다. 그러려면 정의나 정리의 의미를 먼저 이해하는 것이 필수적이다. 따라서 보통의 해석학 교재에서는 잘 나와 있지 않은 아주 쉬운, 기본적인 문제를 우선 다루게 된다. 이 문제들을 풀어 가는 과정에서 정의와 정리의 의미를 깨닫게 될 것이다. 그런 뒤에 그 다음 절에 나와 있는 좀 더 심화된 문제를 풀어본다면 해석학의 본질을 이해하는데 많은 도움이 될 수 있다.

수학적 사고는 모든 학문 분야의 기본이라고 할 수 있다. 꼭 수학 전공자가 아니더라도 어느 분야건 수학적 사고는 매우 중요한 것이다. 자신이 추후에 어느 분야에서 일을 하건 수학적 사고를 할 줄 아는 사람과 그렇지 못한 사람, 또한 수학적 사고를 하는 사람에 있어서도 그 수준에 따라 업무 능률이나 그 사람으로부터 나오는 결과의 정도는 많은 차이가 날 것이다.

이 책을 통해서 모든 독자가 한 단계 높은 사고 수준으로 도약하기를 기대한다.

끝으로 이 책에 나오는 많은 그림들을 그려준 사랑하는 나의 아내에게 고마움을 전한다.

2008년 2월

지은이

차 례

제 1 장

집합과 함수

1.1 정의, 정리 및 기본성질

표기법 1.1.1. 자연수 전체의 집합을 $\mathbb{N}$, 정수 전체의 집합을 $\mathbb{Z}$, 유리수 전체의 집합을 $\mathbb{Q}$, 실수 전체의 집합을 $\mathbb{R}$, 복소수 전체의 집합을 $\mathbb{C}$로 각각 나타낸다.

정의 1.1.2. 두 집합 A와 B가 다음을 만족하면 A는 B의 **부분집합**(subset)이라 하고 $A \subset B$ 혹은 $B \supset A$로 나타낸다:

임의의 $x \in A$에 대하여 $x \in B$이다.

참고: $A \subset B$이고 $A \neq B$일 때 A는 B의 **진부분집합**(proper subset)이라고 하고 $A \subsetneq B$로 나타낸다.

정의 1.1.3. 두 집합 A와 B가 다음을 만족하면 A와 B는 **같다**고 하고 $A = B$로 나타낸다:

$A \subset B$이고 $B \subset A$이다.

정의 1.1.4. 두 집합 A와 B에 대하여 A의 각 원소 x에 대하여 B의 한 개의 원소 y를 대응시키는 f를 A에서 B로의 **함수**(function)라 하고

$$f : A \to B$$

로 나타낸다. 이 때 A를 f의 **정의역**(domain), B를 f의 **공변역**(codomain)이라 부른다. 또한

$$\{b \in B : f(a) = b,\ a \in A\}$$

를 f의 **치역**(range)이라 부른다.

예 1.1.5. $f : \mathbb{R} \to \mathbb{R}$, $f(x) = x^2$일 때 f의 정의역은 $\mathbb{R}$, 공변역은 $\mathbb{R}$, 치역은 $\{x \in \mathbb{R} : x \geq 0\}$이다.

정의 1.1.6. 함수 $f : A \to B$가 다음을 만족하면 **단사함수**(injective function) 혹은 **일대일함수**(one-to-one function)라고 한다:

임의의 $x_1, x_2 \in A$에 대하여, 만일 $f(x_1) = f(x_2)$이면 $x_1 = x_2$이다.

예 1.1.7. $f : \mathbb{R} \to \mathbb{R}$, $f(x) = e^x$일 때 f는 단사함수이다.

정의 1.1.8. 함수 $f : A \to B$가 다음을 만족하면 **전사함수**(surjective function) 혹은 **위로의 함수**(onto function)라고 한다:

임의의 $y \in B$에 대하여 $x \in A$가 존재하여 $f(x) = y$이다.

예 1.1.9. $f : \mathbb{R} \to [0, 1]$, $f(x) = \sin x$일 때 f는 전사함수이다.

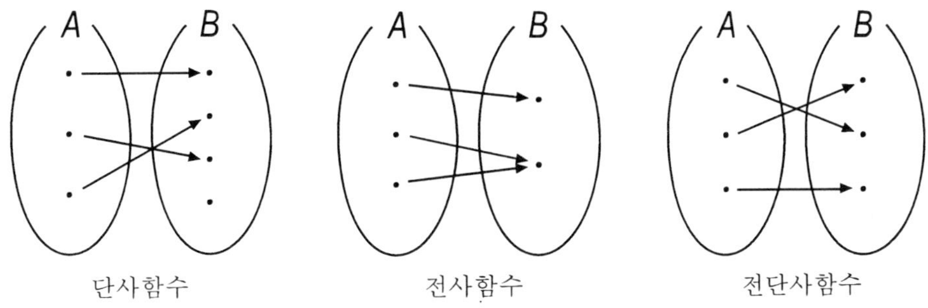

그림 1.1.1: 단사함수, 전사함수 및 전단사함수의 예.

정의 1.1.10. 함수 $f : A \to B$가 전사함수이며 동시에 단사함수이면 **전단사함수**(bijective function) 혹은 **일대일대응**(one-to-one correspondence)이라고 한다.

예 1.1.11. $f : \mathbb{R} \to \mathbb{R}$, $f(x) = x^3$일 때 f는 전단사함수이다.

정의 1.1.12. 두 집합 A와 B에 대하여 일대일대응 $f : A \to B$가 존재하면 A와 B는 **대등**(equipotent)이라고 하고 $A \sim B$로 나타낸다.

정의 1.1.13. 집합 A가 공집합(ϕ)이거나 적당한 자연수 n이 존재하여

$$A \sim \{1, 2, 3, \ldots, n\}$$

일 때 A를 **유한집합**(finite set)이라 한다. 유한집합이 아닌 집합을 **무한집합**(infinite set)이라 한다.

정의 1.1.14. 집합 A가 유한집합이거나 $A \sim \mathbb{N}$일 때 A를 **가산집합**(countable set)이라 한다. 가산집합이 아닌 집합을 **비가산 집합**(uncountable set)이라 한다.

정의 1.1.15. 전체집합 X에 대하여 적당한 조건을 만족하는 X의 부분집합들의 모임을 **집합족**(family of sets)이라고 한다.

참고: 집합족은 집합들로 이루어진 집합이기 때문에 집합족의 원소 하나하나는 모두 집합이다.

예 1.1.16. $A_n = [-n, n]\,(n = 1, 2, 3, \ldots)$이라 할 때, $\mathcal{A} = \{A_n : n = 1, 2, 3, \ldots\}$라고 하면 $\mathcal{A}$는 집합족이며, 각 $A_n\,(n \in \mathbb{N})$은 집합이면서 동시에 집합족 $\mathcal{A}$의 원소이다.

정의 1.1.17. 집합 A와 B가 X의 부분집합일 때

$$A \cup B = \{x \in X : x \in A \text{ 또는 } x \in B\}$$

를 A와 B의 **합집합**(union)이라 부른다.

보다 일반적으로 첨자집합 Λ에 대하여 $A_\lambda\,(\lambda \in \Lambda)$가 X의 부분집합일 때

$$\bigcup_{\lambda \in \Lambda} A_\lambda = \{x \in X : \text{ 적어도 하나의 } \lambda \in \Lambda \text{에 대하여 } x \in A_\lambda\}$$

로 정의한다.

예 1.1.18. $\Lambda = \{1, 2, 3\}$일 때

$$\bigcup_{\lambda \in \Lambda} A_\lambda = \bigcup_{\lambda=1}^{3} A_\lambda = A_1 \cup A_2 \cup A_3$$

이다.

예 1.1.19. $\Lambda = \mathbb{N}$일 때

$$\bigcup_{\lambda \in \Lambda} A_\lambda = \bigcup_{n \in \mathbb{N}} A_n = \bigcup_{n=1}^{\infty} A_n = A_1 \cup A_2 \cup A_3 \cup \cdots$$

이다.

예 1.1.20. $\Lambda = \mathbb{R}$일 때

$$\bigcup_{\lambda\in\Lambda}\{\lambda^2\} = \bigcup_{\lambda\in\mathbb{R}}\{\lambda^2\} = \{x\in\mathbb{R} : x \geq 0\}$$

이다.

정의 1.1.21. 집합 A와 B가 X의 부분집합일 때

$$A\cap B = \{x\in X : x\in A \text{ 이고 } x\in B\}$$

를 A와 B의 **교집합**(intersection of sets)이라 부른다.

보다 일반적으로 첨자집합 Λ에 대하여 $A_\lambda\,(\lambda\in\Lambda)$가 X의 부분집합일 때

$$\bigcap_{\lambda\in\Lambda} A_\lambda = \{x\in X :\ \text{모든 } \lambda\in\Lambda\text{에 대하여 } x\in A_\lambda\}$$

로 정의한다.

정의 1.1.22. $A\cap B = \phi$일 때 집합 A와 B는 **서로소**(disjoint)라고 한다.

예 1.1.23. $\Lambda = \{1, 2, 3\}$일 때

$$\bigcap_{\lambda\in\Lambda} A_\lambda = \bigcap_{\lambda=1}^{3} A_\lambda = A_1\cap A_2\cap A_3$$

이다.

예 1.1.24. $\Lambda = \mathbb{N}$일 때

$$\bigcap_{\lambda\in\Lambda} A_\lambda = \bigcap_{n\in\mathbb{N}} A_n = \bigcap_{n=1}^{\infty} A_n = A_1\cap A_2\cap A_3\cap\cdots$$

이다.

예 1.1.25. $\Lambda = \mathbb{R}$일 때

$$\bigcap_{\lambda \in \Lambda} [0, \lambda^2] = \bigcap_{\lambda \in \mathbb{R}} [0, \lambda^2] = \{0\}$$

이다.

정의 1.1.26. 집합 A가 X의 부분집합일 때

$$A^c = \{x \in X : x \notin A\}$$

를 A의 **여집합**(complement)이라 부른다.

정의 1.1.27. 집합 A와 B가 X의 부분집합일 때

$$A - B = \{x \in X : x \in A \text{ 이고 } x \notin B\}$$

를 A와 B의 **차집합**(difference)이라 부른다.

참고: A와 B의 차집합을 $A \backslash B$로 나타내기도 한다.

정의 1.1.28. 공집합이 아닌 두 집합 A와 B에 대하여

$$A \times B = \{(a, b) : a \in A,\ b \in B\}$$

를 A와 B의 **곱집합**(Cartesian product)이라 한다.

보다 일반적으로 첨자집합 Λ에 대하여 $A_\lambda\ (\lambda \in \Lambda)$의 곱집합은 정의역이 Λ이며 $f(\lambda) \in A_\lambda\ (\lambda \in \Lambda)$ 인 함수 $f : \Lambda \to \bigcup_{\lambda \in \Lambda} A_\lambda$ 들의 모임으로 정의되며 다음과 같이 나타낸다:

$$\prod_{\lambda \in \Lambda} A_\lambda$$

즉

$$\prod_{\lambda \in \Lambda} A_\lambda = \left\{ f : \Lambda \to \bigcup_{\lambda \in \Lambda} A_\lambda \,\middle|\, f(\lambda) \in A_\lambda\ (\lambda \in \Lambda) \right\}$$

이다.

예 1.1.29. $\Lambda = \{1, 2, 3\}$일 때

$$\prod_{\lambda\in\Lambda} A_\lambda = \prod_{\lambda=1}^{3} A_\lambda = A_1 \times A_2 \times A_3 = \{(a_1, a_2, a_3) : a_i \in A_i \ (i = 1, 2, 3)\}$$

이다.

예 1.1.30. $\Lambda = \mathbb{N}$일 때

$$\begin{aligned} \prod_{\lambda\in\Lambda} A_\lambda &= \prod_{n\in\mathbb{N}} A_n = \prod_{n=1}^{\infty} A_n = A_1 \times A_2 \times A_3 \times \cdots \\ &= \{(a_1, a_2, a_3, \cdots) : a_i \in A_i \ (i = 1, 2, 3, \ldots)\} \end{aligned}$$

이다.

예 1.1.31. $\Lambda = \mathbb{R}$일 때

$$A_\lambda = \left(0, \frac{1}{1+\lambda^2}\right) = \left\{x \in \mathbb{R} : 0 < x < \frac{1}{1+\lambda^2}\right\} \quad (\lambda \in \mathbb{R})$$

라고 정의하면 각 A_λ는 공집합이 아니며

$$\prod_{\lambda\in\Lambda} A_\lambda = \prod_{\lambda\in\mathbb{R}} \left(0, \frac{1}{1+\lambda^2}\right) = \left\{f : \mathbb{R} \to (0, 1) \,\middle|\, f(\lambda) \in \left(0, \frac{1}{1+\lambda^2}\right) \ (\lambda \in \mathbb{R})\right\}$$

이다.

정리 1.1.32. (De Moran의 법칙) $A_\lambda \, (\lambda \in \Lambda)$가 X의 부분집합일 때

$$\left(\bigcup_{\lambda\in\Lambda} A_\lambda\right)^c = \bigcap_{\lambda\in\Lambda} A_\lambda^c, \quad \left(\bigcap_{\lambda\in\Lambda} A_\lambda\right)^c = \bigcup_{\lambda\in\Lambda} A_\lambda^c.$$

성질 1.1.33. 자연수 전체의 집합 $\mathbb{N}$은 가산집합이다.

정리 1.1.34. 유리수 전체의 집합 $\mathbb{Q}$는 가산집합이다.

정리 1.1.35. 닫힌 구간 $[0,1]$은 비가산 집합이다.

정리 1.1.36. 실수 전체의 집합 $\mathbb{R}$은 비가산 집합이다.

성질 1.1.37. 가산집합의 부분집합은 가산집합이다.

성질 1.1.38. 비가산 집합은 무한인 가산부분집합을 포함한다.

정리 1.1.39. $A_1, A_2, A_3, \ldots$가 모두 가산집합이면 $\bigcup_{n=1}^{\infty} A_n$도 가산집합이다. 즉, 가산집합의 가산 번 합집합은 가산집합이다.

정의 1.1.40. 함수 $f : A \to B$와 $C \subset A$에 대하여

$$f(C) = \{f(x) : x \in C\}$$

로 정의하고 f에 의한 C의 **상**(image)이라 부른다.

예 1.1.41. $f : \mathbb{R} \to \mathbb{R}$, $f(x) = x^2$일 때 $f([-1,3]) = [0,9]$이다.

정의 1.1.42. 함수 $f : A \to B$와 $D \subset B$에 대하여

$$f^{-1}(D) = \{x \in A : f(x) \in D\}$$

로 정의하고 f에 의한 D의 **역상**(inverse image)이라 부른다.

예 1.1.43. $f:\mathbb{R}\to\mathbb{R}$, $f(x)=\sin x$일 때 $f^{-1}([-1,1])=\mathbb{R}$이다.

성질 1.1.44. 집합의 상과 역상에 대하여 다음 관계식이 성립한다:

1. $f\left(\bigcup_{\alpha\in\Lambda} A_\alpha\right)=\bigcup_{\alpha\in\Lambda} f(A_\alpha)$
2. $f\left(\bigcap_{\alpha\in\Lambda} A_\alpha\right)\subset\bigcap_{\alpha\in\Lambda} f(A_\alpha)$
3. $f^{-1}\left(\bigcup_{\alpha\in\Lambda} A_\alpha\right)=\bigcup_{\alpha\in\Lambda} f^{-1}(A_\alpha)$
4. $f^{-1}\left(\bigcap_{\alpha\in\Lambda} A_\alpha\right)=\bigcap_{\alpha\in\Lambda} f^{-1}(A_\alpha)$
5. $A\subset f^{-1}(f(A))$
6. $f(f^{-1}(B))\subset B$

정의 1.1.45. 집합 A에 대하여 $\mathcal{P}(A)=\{B:B\subset A\}$를 A의 **멱집합**(power set)이라 한다. 즉, $\mathcal{P}(A)$는 A의 부분집합들 전체로 이루어진 집합이다.

예 1.1.46. $A=\{a_1,a_2,a_3\}$라고 하면,

$$\mathcal{P}(A)=\{\phi,\{a_1\},\{a_2\},\{a_3\},\{a_1,a_2\},\{a_2,a_3\},\{a_1,a_3\},A\}$$

이므로 $\mathcal{P}(A)$의 원소의 개수는 모두 8개이다. 즉, A의 원소의 개수가 3개일 때, A의 가능한 부분집합의 개수는 모두 8개이다. 왜냐하면 각 원소 $a_i\ (i=1,2,3)$에 대하여, a_i가 어떤 부분집합에 속하는 경우와 그렇지 않은 경우의 2가지가 있으므로 가능한 부분집합의 전체 경우의 수는 $2^3=8$이다.

이 성질을 일반화하면 원소의 개수가 n개인 유한집합의 경우 $\mathcal{P}(A)$의 원소의 개수는 2^n이다.

1.2 O, X 문제

다음 명제들에 대하여 참인 것에는 O, 거짓인 것에는 X로 표시하라.

1. 함수 f가 일대일함수이면 일대일대응이다. ( )

2. 함수 $f : \mathbb{R} \to \mathbb{R}$, $f(x) = e^x$는 전사함수이다. ( )

3. 유한집합은 가산집합이다. ( )

4. 양의 홀수 전체의 집합은 가산집합이다. ( )

5. $\mathbb{Q}$는 비가산 집합이다. ( )

6. 열린 구간 $(0, 1)$은 비가산 집합이다. ( )

7. 열린 구간 $(0, 1)$과 닫힌 구간 $[0, 1]$은 대등하다. ( )

8. 무리수 전체의 집합은 비가산 집합이다. ( )

9. A가 B의 진부분집합이면, 즉 $A \subset B$이지만 $A \neq B$이면 A와 B는 대등하지 않다. ( )

10. $f(A \cap B) = f(A) \cap f(B)$이다. ( )

11. $A = f^{-1}(f(A))$이다. ( )

12. $\displaystyle\bigcap_{n=1}^{\infty} \left(-\frac{1}{n}, \frac{1}{n}\right) = \phi$이다. ( )

O, X 문제 정답 및 해설

정답:

문제	1	2	3	4	5	6	7	8	9	10	11	12
정답	X	X	O	O	X	O	O	O	X	X	X	X

해설:

1. 정답: X

   일대일함수는 단사함수를 말한다. 반면에 일대일대응은 전단사함수이므로 단사함수라고 해서 반드시 전단사함수일 필요는 없다. 예를들면 아래 문제인 $f : \mathbb{R} \to \mathbb{R}$, $f(x) = e^x$는 일대일함수는 되지만 전사함수가 아니므로 일대일대응은 아니다.

   참고로 일대일대응이면 일대일함수이다.

2. 정답: X

   이 함수 f의 치역은 $[0, \infty)$이며, 실수 전체 즉 $\mathbb{R}$이 아니므로 전사함수가 아니다.

   참고로 $f : \mathbb{R} \to [0, \infty)$, $f(x) = e^x$라면 함수 f는 전단사함수가 된다. 즉 같은 방법으로 정의된 함수라 하더라도 정의역이나 공변역에 따라 함수의 유형이 달라질 수 있다.

3. 정답: O

   정의에 의하면 유한집합(공집합 포함)은 모두 가산집합으로 분류된다. (정의 1.1.14 참조)

4. 정답: O

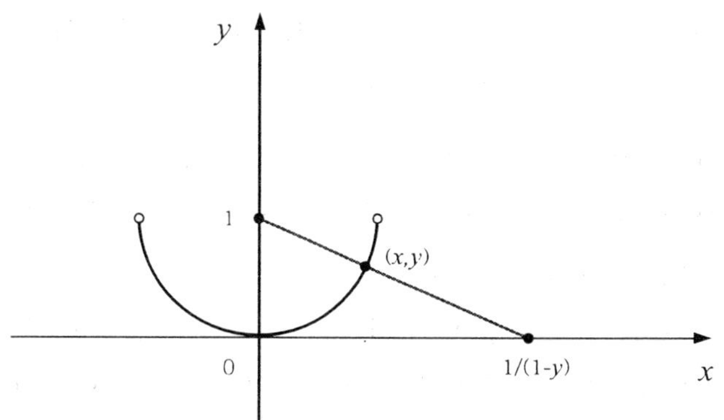

그림 1.2.1: 열린 구간 $(0,1)$과 $\mathbb{R}$이 대등함을 보여주는 그림. 열린 구간 $(0,1)$을 반원 모양으로 구부린 뒤, 그림과 같이 y축 상의 점 $(0,1)$에서 x축 방향으로 선분을 그어 연결하면 반원 부분과 $\mathbb{R}$ 사이의 일대일대응이 만들어진다.

양의 홀수 전체의 집합을 A라고 하면 A는 가산집합인 $\mathbb{N}$의 부분집합이므로 가산이다.

또 다른 방법은,

$$f : \mathbb{N} \to A, \quad f(n) = 2n - 1$$

으로 정의하면 f가 전단사함수이므로 A는 가산집합이다.

5. 정답: X

$\mathbb{Q}$는 대표적인 가산집합이다. (정리 1.1.34 참조)

6. 정답: O

정리 1.1.35에서 $[0,1]$이 비가산 집합이고 예제 1.4.3에 의하면 비가산 집합에서 가산집합을 뺀 차집합은 여전히 비가산 집합이므로

$$(0,1) = [0,1] - (\{0\} \cup \{1\})$$

은 비가산 집합이다.

참고로 $[0,1]$이 비가산 집합인 것은 보통 Cantor 대각화 과정을 통해 증명할 수 있다. (참고문헌 [6]의 1장 3절 정리 8 참조)

또한 열린 구간 $(0,1)$이 $\mathbb{R}$과 대등하다는 것을 보이면 $\mathbb{R}$이 비가산이라는 사실을 이용하여 $(0,1)$이 비가산임이 보여진다. $(0,1)$이 $\mathbb{R}$과 대등한 것은 그림 1.2.1을 이용하여 증명할 수 있다. 즉 열린 구간 $(0,1)$에서 정의되고 좌표평면 상의 반원에 함수값이 속하는 전단사함수 g를 만들고, 다시 반원 부분에서 정의되고 함수값이 실수인 전단사함수 h를 만든 뒤 두 함수를 합성하여 $f = h \circ g$라고 하면 $f : (0,1) \to \mathbb{R}$는 전단사함수이다. 이를 수식으로 표현하면 다음과 같다:

$$g : (0,1) \to A = \left\{(x,y) \in \mathbb{R}^2 : x^2 + (y-1)^2 = 1,\ y < 1\right\},$$

$$g(t) = (-\cos \pi t, -\sin \pi t + 1)$$

이며

$$h : A \to \mathbb{R}, \quad h(x,y) = \frac{1}{1-y}$$

일 때

$$f : (0,1) \to \mathbb{R}, \quad f(t) = (h \circ g)(t)$$

이다. (그림 1.2.1 참조)

7. 정답: O

예제 1.4.3에 의하여 비가산 집합 $[0,1]$과 그 가산 부분집합 $\{0\} \cup \{1\}$과의 차집합을 계산하면 그 결과는 원래의 집합 $[0,1]$과 대등하다. 즉

$$[0,1] \sim [0,1] - (\{0\} \cup \{1\}) = (0,1)$$

이다.

8. 정답: O

무리수 전체의 집합을 A라고 하면 $A = \mathbb{R} - \mathbb{Q}$이다. 따라서 A는 비가산 집합과 가산집합과의 차집합으로 표현되므로 비가산이다. (예제 1.3.5 참조)

9. 정답: X

(0, 1)은 [0, 1]의 진부분집합이지만 두 집합은 대등하다. (문제 7 참조)

10. 정답: X

함수 f를 다음과 같이 정의하자.

$$f : \{1, 2, 3\} \to \{4, 5\}, \quad f(1) = 4,\ f(2) = 5,\ f(3) = 4.$$

또한 $A = \{1, 2\}$, $B = \{2, 3\}$이라고 하면

$$f(A \cap B) = f(\{2\}) = \{5\} \neq \{4, 5\} = f(A) \cap f(B)$$

이다.

참고로 성질 1.1.44에 의하면 $f(A \cap B) \subset f(A) \cap f(B)$이다.

11. 정답: X

함수

$$f : \{1, 2\} \to \{3\}, \quad f(1) = 3,\ f(2) = 3$$

이라고 정의하고 $A = \{1\}$이라 하면

$$A = \{1\} \neq \{1, 2\} = f^{-1}(\{3\}) = f^{-1}(f(A))$$

이다.

참고로 성질 1.1.44에 의하면 $A \subset f^{-1}(f(A))$이다.

또한 예제 1.4.9에 의하면 f가 단사함수일 때는 $A = f^{-1}(f(A))$가 성립한다.

12. 정답: X

$\displaystyle\bigcap_{n=1}^{\infty} \left(-\frac{1}{n}, \frac{1}{n}\right) = \{0\}$이다. 왜냐하면 임의의 자연수 n에 대하여

$$0 \in \left(-\frac{1}{n}, \frac{1}{n}\right)$$

이므로

$$\{0\} \subset \bigcap_{n=1}^{\infty} \left(-\frac{1}{n}, \frac{1}{n}\right)$$

이다. 또한 $x \neq 0$이면

$$\frac{1}{N} < |x|$$

를 만족하는 자연수 N이 존재하므로

$$x \notin \left(-\frac{1}{N}, \frac{1}{N}\right)$$

이다. 따라서

$$x \notin \bigcap_{n=1}^{\infty} \left(-\frac{1}{n}, \frac{1}{n}\right)$$

이다. 그러므로

$$\bigcap_{n=1}^{\infty} \left(-\frac{1}{n}, \frac{1}{n}\right) \subset \{0\}$$

이다.

결국

$$\bigcap_{n=1}^{\infty} \left(-\frac{1}{n}, \frac{1}{n}\right) = \{0\}$$

이다.

참고: 이 문제의 경우 $A = \{0\}$, $B = \bigcap_{n=1}^{\infty} \left(-\frac{1}{n}, \frac{1}{n}\right)$라 할 때 $A = B$를 보이기 위해 $A \subset B$인 것과 $B \subset A$인 것을 보였다. 또한 $B \subset A$임을 보이기 위해 A에 속하지 않은 원소는 B에도 속하지 않음을 보인 것에 주의하자.

1.3 기본예제

기본예제 1.3.1. $f : \mathbb{R} \to \mathbb{R}$, $f(x) = x^2$일 때, f는 전사함수도 아니고 단사함수도 아님을 보여라.

풀이: $f(x) = x^2 = -1$이 되는 실수 x가 존재하지 않으므로 f는 전사함수가 아니다. 또한 $f(-1) = f(1)$이므로 f는 단사함수가 아니다.

참고: 이 문제를 $f : \mathbb{R} \to [0, \infty)$, $f(x) = x^2$인 경우로 바꾸면 f는 전사함수가 된다. 또한 이 문제를 $f : [0, \infty) \to [0, \infty)$, $f(x) = x^2$인 경우로 바꾸면 f는 전단사함수가 된다. 즉, 함수의 정의역이나 공변역에 따라 단사함수, 전사함수, 전단사함수의 여부가 달라질 수 있다.

기본예제 1.3.2. $f : \mathbb{R} \to \mathbb{R}$, $f(x) = x^2$일 때 $f([0, 2])$와 $f^{-1}([0, 4])$를 각각 구하라.

풀이: $f([0, 2]) = \{y \in \mathbb{R} : y = x^2,\ x \in [0, 2]\} = [0, 4]$이다. 또한

$$f^{-1}([0, 4]) = \{x \in \mathbb{R} : x^2 \in [0, 4]\} = [-2, 2]$$

이다.

주의: 이 문제에서 $f^{-1}([0, 4]) \neq [0, 2]$임에 주의하라.

기본예제 1.3.3. $\bigcup_{n=1}^{\infty} \left[\frac{1}{n}, 1\right] = (0, 1]$임을 보여라.

풀이: $x \in \bigcup_{n=1}^{\infty} \left[\frac{1}{n}, 1\right]$이라고 하면 적당한 자연수 K가 존재하여

$$x \in \left[\frac{1}{K}, 1\right] \subset (0, 1]$$

이다. 따라서

$$\bigcup_{n=1}^{\infty} \left[\frac{1}{n}, 1\right] \subset (0, 1]$$

이다.

이제 반대쪽 포함관계를 보이기 위해 $x \in (0,1]$이라고 하면, $x > 0$이므로 충분히 큰 자연수 N을 잡아

$$0 < \frac{1}{N} < x \tag{1.3.1}$$

가 되게 할 수 있다. 따라서

$$x \in \left(\frac{1}{N}, 1\right] \subset \bigcup_{n=1}^{\infty} \left[\frac{1}{n}, 1\right]$$

이다. 결국

$$(0,1] \subset \bigcup_{n=1}^{\infty} \left[\frac{1}{n}, 1\right]$$

이다.

양쪽 포함관계를 모두 보였으므로 $\bigcup_{n=1}^{\infty} \left[\frac{1}{n}, 1\right] = (0,1]$이다.

참고: 식 (1.3.1)은 다음 성질에서 나온다(Archimedian 성질):

임의의 실수 α에 대하여 자연수 N이 존재하여 $N > \alpha$이다.

즉, $\alpha = \frac{1}{x}$라고 하면 $N > \alpha = \frac{1}{x}$인 자연수 N이 존재하므로 양변에 역수를 취하면 식 (1.3.1)을 얻는다.

주의: $\bigcup_{n=1}^{\infty} \left[\frac{1}{n}, 1\right] \neq [0,1]$임에 주의하라.

기본예제 1.3.4. 짝수인 자연수 전체를 A라고 할 때, 가산집합의 정의를 사용하여 A가 가산집합임을 보여라.

풀이: $f : \mathbb{N} \to A$, $f(n) = 2n$이라 정의하면 f는 전단사함수(일대일대응)가 되므로 A는 가산이다.

참고: 자연수 전체의 집합 $\mathbb{N}$이 가산이므로 $\mathbb{N}$의 부분집합 A는 가산이다. ($\Leftarrow$ 성질 1.1.37)

기본예제 1.3.5. 무리수 전체의 집합은 비가산임을 보여라.

풀이: 무리수 전체의 집합을 A라고 두고, 만일 A가 가산이라고 하자. 그러면

$$\mathbb{R} = \mathbb{Q} \cup A$$

이다. 즉, 실수 전체 집합 $\mathbb{R}$은 가산집합인 $\mathbb{Q}$와 가산집합인 A의 합집합으로 표현된다. 그런데 가산집합의 가산 번 합집합은 가산이므로 결국 $\mathbb{R}$은 가산이다. (모순)

따라서 A는 가산이 아니다.

보충설명: 이 문제에서 $A_1 = \mathbb{Q}$, $A_2 = A$라고 하면

$$\mathbb{R} = \mathbb{Q} \cup A = \bigcup_{n=1}^{2} A_n$$

이다. 즉 $\mathbb{R}$은 가산집합 2개의 합집합으로 표현된 것이다. 즉, 유한 번 합집합으로 표현된 것이다. 유한 번은 가산 번이므로 위의 증명이 성립한다.

위의 예제를 일반화하면 다음을 얻는다.

기본예제 1.3.6. A가 비가산 집합이고 B가 A의 가산부분집합이라고 하면 집합 $A - B$는 비가산임을 보여라.

풀이: $C = A - B$라고 정의하자. 만일 C가 가산이라고 하면 $A = B \cup C$이다. 그런데 $B \cup C$는 가산집합 두 개의 합집합이므로 가산이다. 즉 비가산 집합 A가 가산집합 $B \cup C$와 같으므로 모순이다.

1.4 필수예제

필수예제 1.4.1. 정수 전체의 집합 $\mathbb{Z}$는 가산집합임을 보여라.

풀이: $f : \mathbb{N} \to \mathbb{Z}$를 다음과 같이 정의하자.

$$f(0) = 0,\ f(1) = 1,\ f(2) = -1,\ f(3) = 2,\ f(4) = -2,\ f(5) = 3,\ f(6) = -3,\ \cdots.$$

즉,

$$f(n) = \begin{cases} 0 & (n = 0\text{일 때}) \\ \frac{n+1}{2} & (n\text{이 홀수일 때}) \\ -\frac{n}{2} & (n\text{이 짝수일 때}) \end{cases}$$

그러면 함수 f는 전단사함수가 되므로 $\mathbb{Z}$는 가산집합이다.

참고: 유리수 전체의 집합 $\mathbb{Q}$는 가산이고, 정수 전체의 집합 $\mathbb{Z}$는 $\mathbb{Q}$의 부분집합이므로 $\mathbb{Z}$는 가산이다. (성질 1.1.37 참조)

필수예제 1.4.2. $[0, 1] \sim [0, 1)$임을 보여라.

풀이: $[0, 1]$에 속하는 유리수 전체를 A로 나타내면 A는 $\mathbb{Q}$의 부분집합이므로 가산집합이다. 따라서 $r_1 = 1$이라고 두고, $A = \{r_1, r_2, r_3, \ldots\}$로 나타낼 수 있다.

이제 $f : [0, 1] \to [0, 1)$를 다음과 같이 정의하자.

$$f(x) = \begin{cases} r_{k+1} & (x = r_k\text{일 때}) \\ x & (x \notin A\text{일 때}) \end{cases}$$

그러면 함수 f는 전단사함수가 되므로 $[0, 1] \sim [0, 1)$이다.

보충설명: 이 문제에서 f가 전단사함수가 되는 것은 당연하지만, 굳이 증명을 하자면 다음과 같다. 우선 f가 전사함수임을 보이기 위하여 임의의 $y \in [0, 1)$를 잡자. 만일 $y \in A$라면 적당한 자연수 $i \geq 2$에 대하여 $y = r_i$이므로

$$f(r_{i-1}) = r_i$$

가 된다. 또한, 만일 $y \notin A$라면 $f(y) = y$이다. 결국 어느 경우이건 정의역의 원소가 존재하여 그 함수값으로 y가 나타내지므로 f는 전사이다.

이제 f가 단사함수임을 보이기 위해 $f(x_1) = f(x_2)$라고 가정하자. 만일

$$x_1 \in A$$

이면 적당한 자연수 j에 대하여

$$x_1 = r_j$$

이다. 이 경우 x_2도 A에 속해야만 한다. 왜냐하면, 만일 $x_2 \notin A$ 이면 r_{j+1}는 유리수이고 x_2는 무리수이며,

$$r_{j+1} = f(r_j) = f(x_1) = f(x_2) = x_2$$

이므로 모순이다. 그런데 $[0,1]$에 속하는 유리수 전체를

$$A = \{r_1, r_2, r_3, \ldots\}$$

로 나타낸 것이기 때문에 함수

$$g : A \to A - \{r_1\}, \quad g(r_k) = r_{k+1}$$

를 생각하면 g는 전단사함수이다. 따라서

$$g(x_1) = f(x_1) = f(x_2) = g(x_2)$$

이므로 $x_1 = x_2$이다. 만일 $x_1 \notin A$라면 위에서와 같은 이유로 $x_2 \notin A$이다. 따라서

$$x_1 = f(x_1) = f(x_2) = x_2$$

이므로 $x_1 = x_2$이다.

결국 어느 경우이건 $x_1 = x_2$이므로 f는 단사함수이다.

이제 예제 1.4.2를 일반화하면 다음을 얻는다.

필수예제 1.4.3. A가 비가산 집합이고 B가 A의 가산부분집합일 때, $A \sim A - B$임을 보여라.

풀이: A는 비가산이고 B는 가산이므로 $A - B$는 비가산이다. 따라서 $A - B$는 가산 부분집합 C를 포함한다. 그러면 $B \cup C$는 가산집합 두 개의 합집합이므로 가산이다. 따라서 전단사함수 $g : B \cup C \to C$가 존재한다. 이제 $f : A \to A - B$를 다음과 같이 정의하면 f는 전단사함수가 된다.

$$f(x) = \begin{cases} g(x) & (x \in B \cup C\text{일 때}) \\ x & (x \notin B \cup C\text{일 때}) \end{cases}$$

따라서 $A \sim A - B$이다.

필수예제 1.4.4. $f : A \to \mathcal{P}(A)$인 전사함수가 존재하지 않음을 보여라.

풀이: 전사함수 $f : A \to \mathcal{P}(A)$가 존재한다고 가정하고 집합 B를 다음과 같이 정의하자.

$$B = \{a \in A : a \notin f(a)\}$$

그러면 $B \subset A$이므로 $B \in \mathcal{P}(A)$이다. 또한 f가 전사함수이므로 $a \in A$가 존재하여 $f(a) = B$이다.

만일 $a \in B$이면 B의 정의에 의하여 $a \notin f(a) = B$이므로 모순이다. 따라서 $a \notin B = f(a)$이어야만 하는데, 이 경우도 B의 정의에 따라 $a \in B$이므로 모순이 된다.

결국 어느 경우이건 모순이 되므로 전사함수 $f : A \to \mathcal{P}(A)$가 존재할 수 없다.

참고: 이 문제에서 A의 원소의 개수가 n인 유한집합인 경우는 $\mathcal{P}(A)$의 원소의 개수가 2^n이고, $2^n > n$이므로 전사함수가 존재하지 않는 것은 당연하다.

필수예제 1.4.5. 다음 집합은 가산집합임을 보여라.

$$A = \left\{a + b\sqrt{3} : a \in \mathbb{Q},\ b \in \mathbb{Q}\right\}$$

풀이: $\mathbb{Q} = \{r_1, r_2, r_3, \ldots\}$이라고 하자. 또한

$$A_n = \left\{r_n + b\sqrt{3} : b \in \mathbb{Q}\right\} \ (n = 1, 2, 3, \ldots)$$

라고 정의하면 각 A_n은 $\mathbb{Q}$와 대등하므로 가산집합이다. 따라서 $A = \bigcup_{n=1}^{\infty} A_n$이므로 A는 가산집합의 가산 번 합집합이다. 결국 A는 가산이다.

필수예제 1.4.6. n이 0이상의 정수라고 할 때 n차 유리계수 다항식 전체 집합을 A_n이라 하면, A_n은 가산집합임을 보여라.

풀이: 수학적 귀납법을 이용하여 증명하자.

$n = 0$일 때, $A_0 = \{a_0 : a_0 \in \mathbb{Q}\}$이므로 $A_0 \sim \mathbb{Q}$이다. 즉 A_0는 $\mathbb{Q}$와 대등하므로 A_0는 가산이다.

이제 A_k $(k = 1, 2, 3, \ldots, n-1)$가 모두 가산집합이라고 가정하자. 그러면

$$A_n = \left\{a_n x^n + a_{n-1}x^{n-1} + \cdots + a_1 x + a_0 : a_i \in \mathbb{Q}(i = 1, 2, 3, \ldots, n), a_n \neq 0\right\}$$

에서

$$A_n = \left\{a_n x^n + p(x) : a_n \in \mathbb{Q} - \{0\}, p(x) \in \bigcup_{k=0}^{n-1} A_k\right\}$$

이다. 그런데 $\mathbb{Q} - \{0\}$과 $\bigcup_{k=0}^{n-1} A_k$는 모두 가산집합이므로 예제 1.4.5에서와 같은 방법을 쓰면 A_n은 가산집합이다.

필수예제 1.4.7. 유리계수 다항식 전체의 집합을 A라 할 때, A는 가산집합임을 보여라.

풀이: n차 유리계수 다항식 전체의 집합을 A_n이라 하면 예제 1.4.6에서 각 A_n은 가산이다. $(n = 0, 1, 2, \ldots)$ 따라서 $A = \bigcup_{n=0}^{\infty} A_n$은 가산이다.

필수예제 1.4.8. 함수 $f : A \to B$에 대하여, f가 전사함수일 필요충분조건은 임의의 $D \subset B$에 대하여 $D = f(f^{-1}(D))$임을 보여라.

풀이: f가 전사함수라 하고 $D \subset B$라 하자. 그러면 $y \in D$에 대하여 $x \in A$가 존재하여 $f(x) = y$이다. 따라서 $x \in f^{-1}(D)$이고 $y = f(x)$이므로

$$y \in f(f^{-1}(D))$$

이다. 결국

$$D \subset f(f^{-1}(D))$$

이다. 반대쪽 포함관계를 보이기 위해 $y \in f(f^{-1}(D))$라고 하면 $x \in f^{-1}(D)$가 존재하여 $y = f(x)$이므로 $y = f(x) \in D$이다. 결국

$$f(f^{-1}(D)) \subset D$$

이다. 결과적으로 양쪽 포함관계를 다 보였으므로

$$D = f(f^{-1}(D))$$

이다.

이제 임의의 $D \subset B$에 대하여 $D = f(f^{-1}(D))$일 때 f가 전사함수임을 보이자. $y \in B$라고 할 때 $D = \{y\}$라고 두면

$$\{y\} = D = f(f^{-1}(D))$$

이므로

$$y \in f(f^{-1}(D)) = f(f^{-1}(\{y\}))$$

이다. 즉

$$x \in f^{-1}(\{y\}) \subset A$$

인 원소 x가 존재하여 $f(x) = y$이다. 따라서 f는 전사이다.

필수예제 1.4.9. 함수 $f : A \to B$에 대하여, f가 단사함수일 필요충분조건은 임의의 $C \subset A$에 대하여 $C = f^{-1}(f(C))$임을 보여라.

풀이: 함수 f가 단사함수라고 하고 $C \subset A$라 하자. 그러면 $x \in C$에 대하여 $y = f(x)$라고 할 때, $y \in f(C)$이므로

$$x \in f^{-1}(\{y\}) \subset f^{-1}(f(C))$$

이다. 따라서

$$C \subset f^{-1}(f(C))$$

이다. 이제 반대쪽 포함관계를 보이기 위해

$$x \in f^{-1}(f(C))$$

라고 하면 $y = f(x)$라고 할 때 $y \in f(C)$이므로, 적당한

$$x_1 \in C$$

이 존재하여

$$f(x_1) = y = f(x)$$

이다. 그런데 f가 단사함수이므로 $x = x_1 \in C$이다. 결국

$$f^{-1}(f(C)) \subset C$$

이다. 결과적으로 양쪽 포함관계를 다 보였으므로

$$C = f^{-1}(f(C))$$

이다.

이제 임의의 $C \subset A$에 대하여 $C = f^{-1}(f(C))$일 때 f가 단사함수임을 보이자. 만일

$$f(x_1) = f(x_2)$$

라고 하면

$$\{x_1\} = f^{-1}(f(\{x_1\})) = f^{-1}(f(\{x_2\})) = \{x_2\}$$

이므로 $x_1 = x_2$이다. 따라서 f는 단사이다.

필수예제 1.4.10. 함수 $f : \mathbb{R} \to \mathbb{R}$에 대하여 $A_\varepsilon = \{x \in \mathbb{R} : f(x) > \varepsilon\}$이라고 정의하자. 또한 임의의 $\varepsilon > 0$에 대하여 A_ε이 가산이라 하자. 그러면 다음 집합 A_0가 가산임을 보여라.

$$A_0 = \{x \in \mathbb{R} : f(x) > 0\}$$

풀이:

$$\begin{aligned} A_0 &= \{x \in \mathbb{R} : f(x) > 0\} \\ &= f^{-1}[(0, \infty)] \\ &= f^{-1}\left[\bigcup_{n=1}^{\infty}\left(\frac{1}{n}, \infty\right)\right] \\ &= \bigcup_{n=1}^{\infty} f^{-1}\left[\left(\frac{1}{n}, \infty\right)\right] \end{aligned}$$

이고 각각의 $n \in \mathbb{N}$에 대하여 $A_{\frac{1}{n}} = f^{-1}\left[\left(\frac{1}{n}, \infty\right)\right]$이 가산이므로 이들의 가산 번합집합 $\bigcup_{n=1}^{\infty} f^{-1}\left[\left(\frac{1}{n}, \infty\right)\right]$도 가산이다.

제 2 장

실수와 실수열

2.1 정의, 정리 및 기본성질

성질 2.1.1. (실수의 대수적 성질) 임의의 실수 x, y, z에 대하여 다음이 성립한다.

1. $x + y = y + x$
2. $(x + y) + z = x + (y + z)$
3. $x + 0 = x$인 $0 \in \mathbb{R}$이 존재한다.
4. $x + (-x) = 0$인 $-x \in \mathbb{R}$가 존재한다.
5. $xy = yx$
6. $(xy)z = x(yz)$
7. $1 \cdot x = x$인 $1 \in \mathbb{R}$이 존재한다.
8. $x \neq 0$인 x에 대하여 $x \cdot w = 1$인 $w \in \mathbb{R}$가 존재한다.

9. $x(y+z) = xy + xz$

참고: 일반적으로 위와 같은 대수적 성질을 만족하는 연산이 정의된 집합을 **체**(field)라 부른다.

성질 2.1.2. (실수의 순서 성질) 임의의 실수 x, y, z에 대하여 다음이 성립한다.

1. $x \geq y$ 또는 $y \geq x$이다.
2. $x \geq y$이면 $x+z \geq y+z$이다.
3. $x \geq y$이고 $z \geq 0$이면 $xz \geq yz$이다.

참고: 일반적으로 위와 같은 성질을 만족하는 체를 **순서체**(ordered field)라 부른다.

정의 2.1.3. 집합 $A \subset \mathbb{R}$에 대하여 다음을 만족하는 $b \in \mathbb{R}$를 A의 **상계**(upper bound)라고 한다:

$$\text{모든 } x \in A\text{에 대하여 } x \leq b\text{이다.}$$

또한 $A \subset \mathbb{R}$에 대하여 다음을 만족하는 $a \in \mathbb{R}$를 A의 **하계**(lower bound)라고 한다:

$$\text{모든 } x \in A\text{에 대하여 } a \leq x\text{이다.}$$

주의: 집합 A의 상계나 하계는 A에 속하지 않을 수도 있다.

정의 2.1.4. 집합 A가 상계를 가질 때, A는 **위로 유계**(bounded above)라고 하며 집합 A가 하계를 가질 때, A는 **아래로 유계**(bounded below)라고 한다. 집합 A가 상계와 하계를 모두 가질 때, A는 **유계**(bounded)라고 한다.

참고: 집합 A가 유계일 때, 적당한 실수 $M > 0$이 존재하여, 모든 원소 $x \in A$에 대하여 $|x| \leq M$이 된다.

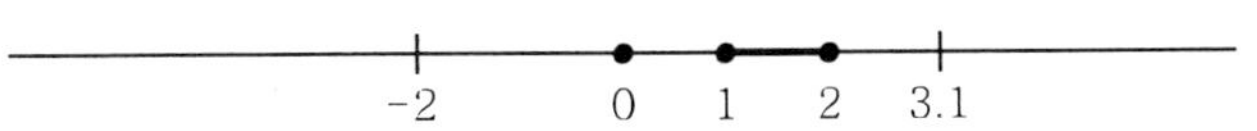

그림 2.1.1: 집합 $A = \{0\} \cup [1, 2]$에 대한 상계 및 하계의 예. -2는 A의 하계이며 3.1은 A의 상계이다. 이 경우 최대하계는 0, 최소상계는 2이다.

정의 2.1.5. 집합 $A \subset \mathbb{R}$의 상계 중 가장 작은 것을 **최소상계**(least upper bound) 또는 **상한**(supremum)이라 하고 $\sup A$로 나타낸다.

또한 집합 $A \subset \mathbb{R}$의 하계 중 가장 큰 것을 **최대하계**(greatest lower bound) 또는 **하한**(infimum)이라 하고 $\inf A$로 나타낸다.

예 2.1.6. 집합 $A = \{0\} \cup [1, 2]$에 대하여 예를 들어 -2는 A의 하계이며 3.1은 A의 상계이다. 물론 이들 값 이외에 무수히 많은 상계 및 하계가 존재하며 그 들 중에서 최대하계는 0, 최소상계는 2이다. (그림 2.1.1 참조)

성질 2.1.7. (실수의 완비성) 위로 유계인 $\mathbb{R}$의 공집합이 아닌 모든 부분집합은 상한을 갖는다. 또한 아래로 유계인 $\mathbb{R}$의 공집합이 아닌 모든 부분집합은 하한을 갖는다.

참고: 결국 실수 $\mathbb{R}$은 성질 2.1.1, 성질 2.1.2 및 성질 2.1.7을 만족한다. 이 성질들을 모두 만족하는 집합을 **완비순서체**(complete ordered field)라 부른다. 따라서 $\mathbb{R}$은 완비순서체이다.

예 2.1.8. 유리수 전체의 집합 $\mathbb{Q}$는 순서체이지만 완비순서체는 아니다. 왜냐하면

$$A = \left\{ x \in \mathbb{Q} : x < \sqrt{2} \right\}$$

라고 하면 A는 공집합이 아니며 위로 유계인 $\mathbb{Q}$의 부분집합이지만 상한이 $\mathbb{Q}$에 존재하지 않는다.

성질 2.1.9. (유리수의 조밀성) 임의의 두 실수 사이에는 유리수가 존재한다.

참고: 마찬가지로, 임의의 두 실수 사이에는 무리수가 존재한다.

정리 2.1.10. 집합 $A \subset \mathbb{R}$에 대하여 $a \in \mathbb{R}$가 A의 상계라고 할 때, a가 A의 최소상계가 될 필요충분조건은 다음과 같다:

임의의 $\varepsilon > 0$에 대하여, $x \in A$가 존재하여 $a - \varepsilon < x$이다.

마찬가지로, 집합 $A \subset \mathbb{R}$에 대하여 $a \in \mathbb{R}$가 A의 하계라고 할 때, a가 A의 최대하계가 될 필요충분조건은 다음과 같다:

임의의 $\varepsilon > 0$에 대하여, $x \in A$가 존재하여 $x < a + \varepsilon$이다.

예 2.1.11. $A = (0, 1)$일 때 1은 A의 최소상계이다. 이 때 임의의 $\varepsilon > 0$에 대하여 $x \in (0, 1)$가 존재하여 $1 - \varepsilon < x$인 것은 쉽게 이해할 수 있다.

정의 2.1.12. 실수열 $\{a_n\}$에 대하여 실수 a가 존재하여 다음을 만족할 때 수열 $\{a_n\}$은 a로 **수렴**(converge)한다고 하고 a를 $\{a_n\}$의 **극한**(limit)이라고 한다:

임의의 $\varepsilon > 0$에 대하여 적당한 자연수 N이 존재하여,

$$n \geq N\text{이면 } |a_n - a| < \varepsilon\text{이다.}$$

이 경우 $\lim_{n \to \infty} a_n = a$ 혹은 $a_n \to a$ ($n \to \infty$일 때)라고 쓴다:

또한 수열이 수렴하지 않을 때 **발산**(diverge)한다고 한다.

정리 2.1.13. 수렴하는 수열의 극한은 유일하다.

정리 2.1.14. 수렴하는 수열의 임의의 부분수열도 같은 값으로 수렴한다.

정리 2.1.15. 수렴하는 수열은 유계이다.

따름정리 2.1.16. 유계가 아닌 수열은 발산한다.

정리 2.1.17. $\lim_{n\to\infty} a_n = a \in \mathbb{R}$, $\lim_{n\to\infty} b_n = b \in \mathbb{R}$일 때 다음이 성립한다.

1. $\lim_{n\to\infty} (a_n + b_n) = a + b$
2. $\lim_{n\to\infty} (a_n - b_n) = a - b$
3. $\lim_{n\to\infty} a_n b_n = ab$
4. $b_n \neq 0$ $(n \in \mathbb{N})$이고 $b \neq 0$일 때 $\lim_{n\to\infty} \dfrac{a_n}{b_n} = \dfrac{a}{b}$

참고: 위의 정리를 다시 쓰면 다음과 같다:

$\lim_{n\to\infty} a_n = a \in \mathbb{R}$, $\lim_{n\to\infty} b_n = b \in \mathbb{R}$일 때 다음이 성립한다.

1. $\lim_{n\to\infty} (a_n + b_n) = \lim_{n\to\infty} a_n + \lim_{n\to\infty} b_n$
2. $\lim_{n\to\infty} (a_n - b_n) = \lim_{n\to\infty} a_n - \lim_{n\to\infty} b_n$
3. $\lim_{n\to\infty} a_n b_n = \left(\lim_{n\to\infty} a_n\right)\left(\lim_{n\to\infty} b_n\right)$
4. $b_n \neq 0$ $(n \in \mathbb{N})$이고 $b \neq 0$일 때 $\lim_{n\to\infty} \dfrac{a_n}{b_n} = \dfrac{\lim_{n\to\infty} a_n}{\lim_{n\to\infty} b_n}$

정리 2.1.18. $\lim_{n\to\infty} a_n = a \in \mathbb{R}$, $\lim_{n\to\infty} b_n = b \in \mathbb{R}$이며 모든 $n \in \mathbb{N}$에 대하여 $a_n \leq b_n$이면 $a \leq b$이다. 즉 다음이 성립한다.

$$a_n \leq b_n \ (n \in \mathbb{N}) \implies \lim_{n\to\infty} a_n \leq \lim_{n\to\infty} b_n$$

주의: 일반적으로 $a_n < b_n$ $(n \in \mathbb{N})$이라고 해서 $\lim_{n\to\infty} a_n < \lim_{n\to\infty} b_n$인 것은 아니다. 예를 들면 $a_n = 0$, $b_n = \frac{1}{n}$ $(n \in \mathbb{N})$이라 하면 모든 $n \in \mathbb{N}$에 대하여

$$a_n = 0 < \frac{1}{n} = b_n$$

이지만

$$\lim_{n\to\infty} a_n = 0 = \lim_{n\to\infty} b_n$$

이다. 따라서 $a_n < b_n$ $(n \in \mathbb{N})$인 경우에도

$$\lim_{n\to\infty} a_n \leq \lim_{n\to\infty} b_n$$

이다.

정의 2.1.19. 실수열 $\{a_n\}$에 대하여, 실수 b가 존재하여 모든 n에 대하여 $a_n \leq b$이면 $\{a_n\}$은 **위로 유계**(bounded above)라고 한다. 마찬가지로, 실수열 $\{a_n\}$에 대하여, 실수 a가 존재하여 모든 n에 대하여 $a \leq a_n$이면 $\{a_n\}$은 **아래로 유계**(bounded below)라고 한다. 실수열이 위로 유계이며 동시에 아래로 유계이면 **유계**(bounded)라고 한다.

정의 2.1.20. 실수열 $\{a_n\}$이 다음을 만족하면 **단조증가수열**(monotone increasing sequence)이라고 한다.

$$a_{n+1} \geq a_n \ (n = 1, 2, 3, \ldots)$$

마찬가지로, 다음을 만족하는 경우 **단조감소수열**(monotone decreasing sequence)이라고 한다.

$$a_{n+1} \leq a_n \ (n = 1, 2, 3, \ldots)$$

실수열이 단조증가이거나 단조감소인 경우 **단조수열**(monotone sequence)이라고 한다.

정리 2.1.21. 유계인 단조수열은 수렴한다.

따름정리 2.1.22. 위로 유계인 단조증가수열은 수렴한다.

따름정리 2.1.23. 아래로 유계인 단조감소수열은 수렴한다.

정의 2.1.24. 실수열 $\{a_n\}$이 위로 유계일 때 M_n을 다음과 같이 정의하자.

$$M_n = \sup_{k \geq n} a_k = \sup\{a_n, a_{n+1}, a_{n+2}, \dots\}.$$

$\{M_n\}$은 단조감소수열이므로 수렴하거나, $-\infty$로 발산한다. 만일 $\{M_n\}$이 수렴하면 $\{a_n\}$의 **상극한**(limit superior)은 다음과 같이 정의된다.

$$\limsup_{n\to\infty} a_n = \inf_n \sup_{k \geq n} a_k \left(= \lim_{n\to\infty} \sup_{k \geq n} a_k = \lim_{n\to\infty} M_n \right).$$

$\{M_n\}$이 $-\infty$로 발산하면

$$\limsup_{n\to\infty} a_n = -\infty$$

로 정의한다.

또한 실수열 $\{a_n\}$이 위로 유계가 아닐 때 $\{a_n\}$의 **상극한**은

$$\limsup_{n\to\infty} a_n = \infty$$

로 정의된다.

정의 2.1.25. 실수열 $\{a_n\}$이 아래로 유계일 때 m_n을 다음과 같이 정의하자.

$$m_n = \inf_{k \geq n} a_k = \inf\{a_n, a_{n+1}, a_{n+2}, \dots\}.$$

$\{m_n\}$은 단조증가수열이므로 수렴하거나, ∞로 발산한다. 만일 $\{m_n\}$이 수렴하면 $\{a_n\}$의 **하극한**(limit inferior)은 다음과 같이 정의된다.

$$\liminf_{n\to\infty} a_n = \sup_n \inf_{k\geq n} a_k \left(= \lim_{n\to\infty} \inf_{k\geq n} a_k = \lim_{n\to\infty} m_n\right).$$

$\{m_n\}$이 ∞로 발산하면

$$\liminf_{n\to\infty} a_n = \infty$$

로 정의한다.

또한 실수열 $\{a_n\}$이 아래로 유계가 아닐 때 $\{a_n\}$의 **하극한**은

$$\liminf_{n\to\infty} a_n = -\infty$$

로 정의된다.

예 2.1.26. $a_n = (-1)^n$일 때 $\{a_n\}$의 상극한은 1이며 하극한은 -1이다. (예제 2.3.9 참조)

정리 2.1.27. 실수열 $\{a_n\}$이 $a \in \mathbb{R}$로 수렴할 필요충분조건은

$$\limsup_{n\to\infty} a_n = \liminf_{n\to\infty} a_n = a$$

이다.

정리 2.1.28. 유계인 실수열 $\{a_n\}$, $\{b_n\}$이

$$a_n \leq b_n \quad (n \in \mathbb{N})$$

을 만족하면 다음이 성립한다.

$$\limsup_{n\to\infty} a_n \leq \limsup_{n\to\infty} b_n, \quad \liminf_{n\to\infty} a_n \leq \liminf_{n\to\infty} b_n$$

정리 2.1.29. 유계인 실수열 $\{a_n\}$, $\{b_n\}$에 대하여 다음이 성립한다.

1. $\limsup_{n\to\infty}(a_n + b_n) \leq \limsup_{n\to\infty} a_n + \limsup_{n\to\infty} b_n$
2. $\liminf_{n\to\infty}(a_n + b_n) \geq \liminf_{n\to\infty} a_n + \liminf_{n\to\infty} b_n$

정리 2.1.30. 실수열 $\{a_n\}$의 상극한이 $a \in \mathbb{R}$일 필요충분조건은 다음과 같다:

(i) 임의의 ε에 대하여 자연수 N이 존재하여, $n \geq N$이면

$$a_n < a + \varepsilon$$

이고

(ii) 무수히 많은 n에 대하여

$$a - \varepsilon < a_n$$

이다.

또한, 실수열 $\{a_n\}$의 하극한이 $a \in \mathbb{R}$일 필요충분조건은 다음과 같다:

(i) 임의의 ε에 대하여 자연수 N이 존재하여, $n \geq N$이면

$$a - \varepsilon < a_n$$

이고

(ii) 무수히 많은 n에 대하여

$$a_n < a + \varepsilon$$

이다.

정리 2.1.31. (Bolzano-Weierstrass 정리) 임의의 유계인 수열은 수렴하는 부분 수열을 갖는다.

정의 2.1.32. 실수열 $\{a_n\}$이 다음을 만족하면 **Cauchy 수열**(Cauchy sequence)이라 한다:

임의의 ε에 대하여 적당한 자연수 N이 존재하여,

$$m, n \geq N \text{이면 } |a_n - a_m| < \varepsilon \text{이다.}$$

성질 2.1.33. $\mathbb{R}$에 속하는 Cauchy 수열은 유계이다.

정리 2.1.34. 실수열 $\{a_n\}$이 Cauchy 수열일 필요충분조건은 $\{a_n\}$이 수렴하는 것이다.

정리 2.1.35. (축소구간정리)

공집합이 아닌 유계인 닫힌 구간들

$$I_n = [a_n, b_n] \quad (n \in \mathbb{N})$$

이 다음 두 가지 성질을 만족한다고 하자.

1. $I_1 \supset I_2 \supset I_3 \supset \cdots$
2. $\lim_{n\to\infty} (b_n - a_n) = 0$

그러면

$$\bigcap_{n=1}^{\infty} I_n$$

은 단 한 개의 점으로 이루어진 집합이 된다.

2.2 O, X 문제

다음 명제들에 대하여 참인 것에는 O, 거짓인 것에는 X로 표시하라.

1. $A = [0, 1]$일 때 2.5는 A의 상계이다. ( )

2. $\sqrt{2}$로 수렴하는 유리수열이 존재한다. ( )

3. 유계인 수열은 수렴한다. ( )

4. 집합 $A = [0, 1)$의 상한은 존재하지 않는다. ( )

5. $a_n = (-1)^n \dfrac{1}{n}$ $(n = 1, 2, 3, \ldots)$일 때 $\limsup_{n\to\infty} a_n = 0$이다. ( )

6. $a_n = \dfrac{1}{n^2}$ $(n = 1, 2, 3, \ldots)$일 때 수열 $\{a_n\}$은 Cauchy 수열이다. ( )

7. $\mathbb{R}$에 속하는 임의의 Cauchy 수열은 수렴한다. ( )

8. $a_n < b_n$ $(n \in \mathbb{N})$이면 $\lim_{n\to\infty} a_n < \lim_{n\to\infty} b_n$이다. ( )

9. 실수열 $\{a_n\}$에 대하여 $\limsup_{n\to\infty} a_n \le \liminf_{n\to\infty} a_n$이면 $\{a_n\}$은 수렴한다. ( )

10. 아래로 유계인 단조감소수열은 수렴한다. ( )

11. 유계인 실수열 $\{a_n\}$, $\{b_n\}$에 대하여

$$\liminf_{n\to\infty}(a_n + b_n) \le \liminf_{n\to\infty} a_n + \liminf_{n\to\infty} b_n$$

이 성립한다. ( )

12. $a_n = \sin n$ $(n = 1, 2, 3, \ldots)$이라 하면 $\{a_n\}$은 수렴하는 부분수열을 갖는다. ( )

O, X 문제 정답 및 해설

정답:

문제	1	2	3	4	5	6	7	8	9	10	11	12
정답	O	O	X	X	O	O	O	X	O	O	X	O

해설:

1. 정답: O

   임의의 $x \in [0,1]$에 대하여 $x \le 2.5$이므로 2.5는 A의 상계이다.

2. 정답: O

   유리수의 조밀성을 이용하면 $\sqrt{2}$뿐 아니라 임의의 실수로 수렴하는 유리수열을 잡을 수 있다. (예제 2.4.3 참조)

3. 정답: X

   $a_n = (-1)^n \ (n = 1, 2, 3, \ldots)$이라 하면 $\{a_n\}$은 유계인 수열이지만 발산한다.

   참고로 유계인 단조수열은 수렴한다.

4. 정답: X

   집합 $A = [0, 1)$의 상한은 A의 최소상계이므로 상계들 중 가장 작은 값인 1이 된다. 즉 $\sup A = 1$이다.

   참고로 이 경우 최대값인 $\max A$는 존재하지 않는다.

5. 정답: O

   $a_n = (-1)^n \frac{1}{n} \ (n = 1, 2, 3, \ldots)$인 경우 $\lim_{n\to\infty} a_n = 0$이므로

   $$\limsup_{n\to\infty} a_n = 0$$

이다.

참고로 수열 $\{a_n\}$이 수렴하면

$$\limsup_{n\to\infty} a_n = \liminf_{n\to\infty} a_n = \lim_{n\to\infty} a_n$$

이다.

6. 정답: O

$\{a_n\}$은 $\mathbb{R}$에서 수렴하는 수열이므로 Cauchy 수열이다. (정리 2.1.34 참조)

7. 정답: O

$\mathbb{R}$에 속하는 수열이 수렴할 필요충분조건은 Cauchy 수열인 것이다. (정리 2.1.34 참조)

8. 정답: X

$a_n = 0$, $b_n = \frac{1}{n}$ $(n \in \mathbb{N})$이라 하면 모든 $n \in \mathbb{N}$에 대하여 $a_n = 0 < b_n$ 이지만

$$\lim_{n\to\infty} a_n = 0 = \lim_{n\to\infty} b_n$$

이다. (정리 2.1.18 아래의 주의 참조)

9. 정답: O

실수열 $\{a_n\}$에 대하여

$$\liminf_{n\to\infty} a_n \le \limsup_{n\to\infty} a_n$$

은 항상 성립하는 것이므로, (이 문제의 경우 반대 방향의 부등식을 가정하고 있으므로 결국)

$$\limsup_{n\to\infty} a_n = \liminf_{n\to\infty} a_n$$

이 되어 $\{a_n\}$은 수렴한다. (정리 2.1.27 참조)

10. 정답: O

$\{a_n\}$이 아래로 유계인 단조감소수열이라고 하면 적당한 실수 α가 존재하여

$$a_1 \geq a_2 \geq a_3 \geq \cdots \geq \alpha$$

이다. 결국

$$\alpha \leq a_n \leq a_1 \quad (n = 1, 2, 3, \ldots)$$

이므로 $\{a_n\}$은 유계인 단조수열이 되어 수렴한다. (정리 2.1.21 및 따름정리 2.1.23 참조)

참고로 위로 유계인 단조증가수열도 같은 이유로 수렴한다.

11. 정답: X

$a_n = (-1)^n$, $b_n = (-1)^{n+1}$ $(n \in \mathbb{N})$이라 하면

$$\liminf_{n\to\infty} a_n = \liminf_{n\to\infty} b_n = -1$$

이고

$$\liminf_{n\to\infty}(a_n + b_n) = 0$$

이므로

$$\liminf_{n\to\infty}(a_n + b_n) > \liminf_{n\to\infty} a_n + \liminf_{n\to\infty} b_n$$

이다. 일반적으로

$$\liminf_{n\to\infty}(a_n + b_n) \geq \liminf_{n\to\infty} a_n + \liminf_{n\to\infty} b_n$$

이다. (정리 2.1.29 참조)

12. 정답: O

임의의 자연수 n에 대하여 $|a_n| = |\sin n| \leq 1$이므로 $\{a_n\}$은 유계인 수열이다. 따라서 $\{a_n\}$은 수렴하는 부분수열을 갖는다. (정리 2.1.31 참조)

2.3 기본예제

기본예제 2.3.1. 열린 구간 $(0,1)$이 유계임을 보여라.

풀이: 임의의 $x \in (0,1)$에 대하여 $|x| \le 1$이므로 $(0,1)$은 유계이다.

기본예제 2.3.2. 집합 $A = [0,\infty) = \{x \in \mathbb{R} : x \ge 0\}$는 유계가 아님을 보여라.

풀이: 임의의 양수 M을 잡더라도 $x = M+1$이라고 하면 $x \in A$이고 $x > M$이므로 M은 A의 상계가 될 수 없다. 즉 A의 상계가 존재하지 않는다. 따라서 A는 위로 유계가 아니다. 그러므로 A는 유계가 아니다.

기본예제 2.3.3. 임의의 두 유리수 사이에 또 다른 유리수가 존재함을 보여라. 즉 임의의 두 유리수 x, y $(x < y)$에 대하여 $x < r < y$를 만족하는 유리수 r이 존재함을 보여라.

풀이: x, y는 모두 유리수이므로 적당한 정수 p, q, s, t에 대하여

$$x = \frac{q}{p}, \quad y = \frac{t}{s}$$

로 표시된다. 따라서

$$r = \frac{x+y}{2} = \frac{\frac{q}{p}+\frac{t}{s}}{2} = \frac{qs+pt}{2ps}$$

라고 하면 r은 유리수이고 $x < r < y$이다.

참고: 성질 2.1.9에 의하면 위 문제는 당연히 성립해야 한다.

기본예제 2.3.4. $A = (0,1)$일 때 $\sup A = 1$임을 보여라.

풀이: 임의의 $x \in (0,1)$에 대하여 $x \le 1$이므로 1은 A의 상계이다. 이제 1이 상계 중에서 최소임을 보이면 된다. 만일 $0 < \alpha < 1$이라고 하면, $x = \frac{1+\alpha}{2}$라고 할 때 $\alpha < x < 1$이므로 α는 A의 상계가 될 수 없다. 또한 0보다 작거나 같은 수가 A의 상계가 될 수 없는 것은 당연하다. 따라서 1은 A의 최소상계이다.

기본예제 2.3.5. $A = \{\frac{1}{n} : n = 1, 2, 3, \ldots\}$라고 할 때 $\inf A = 0$임을 보여라.

풀이: 임의의 자연수 n에 대하여 $0 < \frac{1}{n}$이므로 0은 A의 하계이다. 이제 0보다 큰 실수 α는 A의 하계가 되지 않는다는 것을 보이면 된다. 그런데 $N > \frac{1}{\alpha}$인 자연수 N이 존재하므로, 즉 $\frac{1}{N} < \alpha$이므로 α는 A의 하계가 될 수 없다. 따라서 0은 A의 최대 하계이다. 즉 $\inf A = 0$이다.

기본예제 2.3.6. 수열의 극한의 정의를 이용하여 다음을 보여라.

$$\lim_{n\to\infty} \frac{1}{n} = 0.$$

풀이: 임의의 $\varepsilon > 0$에 대하여, $N > \dfrac{1}{\varepsilon}$인 자연수 N이 존재한다. 이 때, $\dfrac{1}{N} < \varepsilon$이다.

따라서, $n \geq N$이면

$$\left|\frac{1}{n} - 0\right| = \frac{1}{n} \leq \frac{1}{N} < \varepsilon$$

이다.

기본예제 2.3.7. 수열의 극한의 정의를 이용하여 다음을 보여라.

$$\lim_{n\to\infty} \frac{\sin n}{\sqrt{n}} = 0.$$

풀이: 임의의 $\varepsilon > 0$에 대하여, $N > \dfrac{1}{\varepsilon^2}$인 자연수 N이 존재한다. 이 때 $\dfrac{1}{\sqrt{N}} < \varepsilon$이다. 따라서 $n \geq N$이면

$$\left|\frac{\sin n}{\sqrt{n}} - 0\right| \leq \frac{|\sin n|}{\sqrt{n}} \leq \frac{1}{\sqrt{n}} \leq \frac{1}{\sqrt{N}} < \varepsilon$$

이다.

기본예제 2.3.8. 수열의 극한의 정의를 이용하여 다음을 보여라.

$$\lim_{n\to\infty} \frac{2n+1}{n+3} = 2.$$

풀이: 임의의 $\varepsilon > 0$에 대하여, $N > \frac{5}{\varepsilon}$인 자연수 N이 존재한다. 이 때, $\frac{5}{N} < \varepsilon$이다.

따라서, $n \geq N$이면

$$\left|\frac{2n+1}{n+3} - 2\right| = \left|\frac{-5}{n+3}\right| \leq \frac{5}{n} \leq \frac{5}{N} < \varepsilon$$

이다.

기본예제 2.3.9. $a_n = (-1)^n$일 때 $\limsup_{n\to\infty} a_n$ 및 $\liminf_{n\to\infty} a_n$을 구하고, 수열 $\{a_n\}$이 발산함을 보여라.

풀이: $M_n = \sup_{k\geq n} a_k = \sup\{a_n, a_{n+1}, a_{n+2}, \ldots\}$이라 하면

$$M_n = \sup\{1, -1\} = 1$$

이다. 따라서

$$\limsup_{n\to\infty} a_n = \lim_{n\to\infty} M_n = 1$$

이다.

마찬가지 방법으로 $m_n = \inf_{k\geq n} a_k = \inf\{a_n, a_{n+1}, a_{n+2}, \ldots\}$이라 하면

$$m_n = \inf\{1, -1\} = -1$$

이다. 따라서

$$\liminf_{n\to\infty} a_n = \lim_{n\to\infty} m_n = -1$$

이다.

결국 $\limsup_{n\to\infty} a_n \neq \liminf_{n\to\infty} a_n$이므로 수열의 극한은 존재하지 않는다. 즉, 발산한다.

기본예제 2.3.10. $a_n = \frac{1}{n}$일 때 $\limsup_{n\to\infty} a_n$ 및 $\liminf_{n\to\infty} a_n$을 구하라.

풀이: 이 문제의 경우는 수열 $\{a_n\}$의 극한이 존재하므로

$$\lim_{n\to\infty} a_n = \limsup_{n\to\infty} a_n = \liminf_{n\to\infty} a_n$$

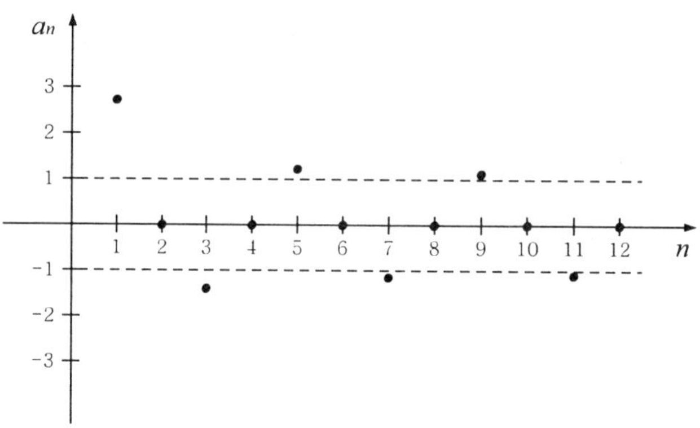

그림 2.3.1: 예제 2.3.11의 수열 $\{a_n\}$을 좌표평면상에 나타낸 그림. 수열 $\{a_n\}$의 원소 중 1보다 큰 것은 n이 증가함에 따라 감소하면서 1에 접근하며, -1보다 작은 것은 n이 증가함에 따라 증가하면서 -1에 접근한다.

이다. 즉, $\lim\limits_{n\to\infty} a_n = \lim\limits_{n\to\infty} \frac{1}{n} = 0$이므로

$$\limsup_{n\to\infty} a_n = \liminf_{n\to\infty} a_n = 0$$

이다.

기본예제 2.3.11. $a_n = e^{\frac{1}{n}} \sin \frac{n\pi}{2}$일 때 $\limsup\limits_{n\to\infty} a_n$이 얼마인지 구하라.

풀이: $M_n = \sup\limits_{k\geq n} a_k = \sup\{a_n, a_{n+1}, a_{n+2}, \ldots\}$이라 하면 n, a_n, M_n의 관계를 나타내는 표를 만들면 다음과 같다.

n	1	2	3	4	5	6	7	8	9	10	11	12	$\cdots$
a_n	e^1	0	$-e^{\frac{1}{3}}$	0	$e^{\frac{1}{5}}$	0	$-e^{\frac{1}{7}}$	0	$e^{\frac{1}{9}}$	0	$-e^{\frac{1}{11}}$	0	$\cdots$
M_n	e^1	$e^{\frac{1}{5}}$	$e^{\frac{1}{5}}$	$e^{\frac{1}{5}}$	$e^{\frac{1}{5}}$	$e^{\frac{1}{9}}$	$e^{\frac{1}{9}}$	$e^{\frac{1}{9}}$	$e^{\frac{1}{9}}$	$e^{\frac{1}{13}}$	$e^{\frac{1}{13}}$	$e^{\frac{1}{13}}$	$\cdots$

따라서

$$\limsup_{n\to\infty} a_n = \lim_{n\to\infty} M_n = e^0 = 1$$

이다. (그림 2.3.1 참조)

기본예제 2.3.12. $a_n = \frac{1}{n}$일 때, Cauchy 수열의 정의를 사용하여 수열 $\{a_n\}$이 Cauchy 수열임을 보여라.

풀이: 임의의 $\varepsilon > 0$에 대하여 $N > \dfrac{1}{\varepsilon}$인 자연수 N이 존재한다. 이 때, $\dfrac{1}{N} < \varepsilon$이다.

따라서 $m \geq n \geq N$일 때

$$|a_m - a_n| = \left|\frac{1}{m} - \frac{1}{n}\right| = \frac{m-n}{mn} \leq \frac{m}{mn} = \frac{1}{n} \leq \frac{1}{N} < \varepsilon$$

이다.

참고: 예제 2.3.12에서 수열 $\{a_n\}$은 수렴하는 수열이므로 $\{a_n\}$이 Cauchy 수열인 것은 당연하다.

기본예제 2.3.13. 수열 $\{a_n\}$에 대하여 짝수 번째 항의 극한이 a로 수렴하고 홀수 번째 항의 극한도 a로 수렴하면, 즉

$$\lim_{m\to\infty} a_{2m} = \lim_{m\to\infty} a_{2m-1} = a$$

이면, 수열 $\{a_n\}$은 a로 수렴함을 보여라.

풀이: 임의의 $\varepsilon > 0$에 대하여, $\lim_{m\to\infty} a_{2m} = a$이므로 자연수 N_1이 존재하여 $2m \geq N_1$이면

$$|a_{2m} - a| < \varepsilon$$

이며, $\lim_{m\to\infty} a_{2m-1} = a$이므로 자연수 N_2가 존재하여 $2m-1 \geq N_2$이면

$$|a_{2m-1} - a| < \varepsilon$$

이다. 따라서 $N = \max\{N_1, N_2\}$라고 하면 $n \geq N$일 때

$$|a_n - a| < \varepsilon$$

이다. 그러므로 수열 $\{a_n\}$은 a로 수렴한다.

2.4 필수예제

필수예제 2.4.1. 임의의 두 실수 사이에 유리수가 존재함을 보여라. 즉 임의의 두 실수 x, y $(x < y)$에 대하여 $x < r < y$를 만족하는 유리수 r이 존재함을 보여라.

풀이: $d = y - x > 0$이라고 하면 적당한 자연수 n이 존재하여 $n > \frac{1}{d}$이다. 따라서

$$ny - nx = n(y - x) = nd > 1$$

이다. 즉 실수 nx와 ny 사이의 거리는 1보다 크다. 그러므로 적당한 정수 m이 존재하여

$$nx < m < ny$$

를 만족한다. 따라서

$$x < \frac{m}{n} < y$$

이므로 $r = \dfrac{m}{n}$이라 하면 r은 x와 y 사이에 존재하는 유리수이다.

참고: 이 문제는 성질 2.1.9에 나와 있는 것이지만 중요한 문제이므로 이 예제에서 다시 살펴 보았다.

필수예제 2.4.2. 임의의 두 실수 사이에 무리수가 존재함을 보여라. 즉 임의의 두 실수 x, y $(x < y)$에 대하여 $x < u < y$를 만족하는 무리수 u가 존재함을 보여라.

풀이: 위 예제로부터 임의의 두 실수 사이에 유리수가 존재하므로

$$x < r_1 < y$$

인 유리수 r_1이 존재하며, 같은 이유로

$$x < r_1 < r_2 < y$$

인 유리수 r_2가 존재한다. 이제 $d = r_2 - r_1$이라 하면 d는 양의 유리수이며

$$r_2 = r_1 + d$$

이다. 따라서

$$x < r_1 < r_1 + \frac{d}{\sqrt{2}} < r_1 + d = r_2 < y$$

이고 $r_1 + \frac{d}{\sqrt{2}}$는 무리수이므로 $u = r_1 + \frac{d}{\sqrt{2}}$라 하면 u는 x와 y 사이에 존재하는 무리수이다.

별해: 위 예제는 다음과 같이 증명할 수도 있다.

임의의 두 실수 사이에 유리수가 존재하므로

$$x < r_1 < y$$

인 유리수 r_1이 존재하며, 같은 이유로

$$x < r_1 < r_2 < y$$

인 유리수 r_2가 존재한다. 따라서

$$\sqrt{2}x < \sqrt{2}r_1 < \sqrt{2}r_2 < \sqrt{2}y$$

이며, 다시 같은 이유로

$$\sqrt{2}x < \sqrt{2}r_1 < r < \sqrt{2}r_2 < \sqrt{2}y$$

인 유리수 r이 존재한다. 그러므로

$$x < r_1 < \frac{r}{\sqrt{2}} < r_2 < y$$

이고 $\frac{r}{\sqrt{2}}$은 무리수이므로 $u = \frac{r}{\sqrt{2}}$이라 하면 u는 x와 y 사이에 존재하는 무리수이다.

필수예제 2.4.3. 임의의 실수 a에 대하여, a로 수렴하는 유리수열이 존재함을 보여라.

풀이: 유리수의 조밀성에 의하여 열린 구간 $(a, a+1)$ 안에는 적어도 하나의 유리수가 존재한다. 이를 a_1이라 하자. 마찬가지로 열린 구간 $(a, a+\frac{1}{2})$ 안에는 적어도 하나의 유리수가 존재한다. 이를 a_2라 하자. 이제 이를 반복하면 각각의 자연수 n에 대하여 열린 구간 $(a, a+\frac{1}{n})$ 안에 존재하는 유리수 a_n을 잡을 수 있다. 그러면 수열 $\{a_n\}$은 a로 수렴한다. 왜냐하면, 임의의 $\varepsilon > 0$에 대하여 $N > \frac{1}{\varepsilon}$을 만족하는 자연수 N이 존재하므로,

$$n \geq N \Rightarrow |a_n - a| < \frac{1}{n} \leq \frac{1}{N} < \varepsilon$$

이기 때문이다.

참고: 마찬가지로 임의의 실수 a에 대하여, a로 수렴하는 무리수열이 존재한다.

필수예제 2.4.4. A, B가 모두 $\mathbb{R}$의 유계인 부분집합이며 공집합은 아니라고 하자. 만일 $\sup A = \inf B$라고 하면 임의의 $\varepsilon > 0$에 대하여 A의 원소 x와 B의 원소 y가 존재하여

$$|x - y| < \varepsilon$$

임을 보여라.

풀이: $\alpha = \sup A = \inf B$라고 두자. 그러면 임의의 $\varepsilon > 0$에 대하여

$$x \in A\text{가 존재하여 } \alpha - \frac{\varepsilon}{2} < x$$

이고

$$y \in B\text{가 존재하여 } y < \alpha + \frac{\varepsilon}{2}$$

이다. ($\Leftarrow$ 정리 2.1.10) 따라서

$$-\varepsilon < x - y$$

이다. 또한 $x \leq \sup A = \inf B \leq y$이므로

$$x - y \leq 0 < \varepsilon$$

이다. 결국

$$|x - y| < \varepsilon$$

이다.

필수예제 2.4.5. Cauchy 수열의 정의를 사용하여 다음 수열이 Cauchy 수열임을 보여라.

$$a_1 = 1, \quad a_2 = 1 + \frac{1}{2!}, \quad a_3 = 1 + \frac{1}{2!} + \frac{1}{3!}, \quad \dots$$

풀이: 이 수열의 일반항은 다음과 같다.

$$a_n = 1 + \frac{1}{2!} + \cdots + \frac{1}{n!}.$$

임의의 $\varepsilon > 0$에 대하여 $N > \log_2(\frac{1}{\varepsilon}) + 1$인 자연수 N이 존재하며 이것은 다음 식과 동치이다.

$$\frac{1}{2^{N-1}} < \varepsilon.$$

따라서 $m > n \geq N$일 때

$$\begin{aligned} |a_m - a_n| &= \frac{1}{(n+1)!} + \frac{1}{(n+2)!} + \cdots + \frac{1}{m!} \\ &\leq \frac{1}{2^n} + \frac{1}{2^{n+1}} + \cdots + \frac{1}{2^{m-1}} \ (\Leftarrow \text{아래 보충설명 참고}) \\ &= \frac{1}{2^n}\left(1 + \frac{1}{2} + \cdots + \frac{1}{2^{m-n-1}}\right) \\ &\leq \frac{1}{2^n}\left(\frac{1}{1-\frac{1}{2}}\right) \ (\Leftarrow \text{무한 등비급수}) \\ &= \frac{1}{2^{n-1}} \leq \frac{1}{2^{N-1}} < \varepsilon. \end{aligned}$$

이다.

보충설명: 위 문제에서 다음 부등식이 이용되었으며, 수학적 귀납법을 사용하면 쉽게 증명된다:

$$(n+1)! \geq 2^n \ (n = 0, 1, 2, 3, \dots).$$

또한 이 수열의 극한은

$$\lim_{n\to\infty} a_n = \sum_{n=1}^{\infty} \frac{1}{n!}$$

이므로 뒤에 나오는 무한급수에 대한 비율판정법을 사용하면 a_n이 수렴하는 것을 쉽게 확인할 수 있다. (정리 8.1.17 참조) 따라서 $\{a_n\}$이 Cauchy 수열인 것은 당연하다.

필수예제 2.4.6. 열린 구간 $(0,1)$에 속하는 유리수들을 $\{x_1, x_2, x_3, \dots\}$로 나타낼 때 다음이 성립함을 보여라.

$$\limsup_{n\to\infty} x_n = 1$$

풀이: 정리 2.1.30을 사용하여 증명하자.

임의의 $\varepsilon > 0$에 대하여, $x_n < 1$ $(n \in \mathbb{N})$이므로 다음 식이 성립하는 것은 당연하다.

$$x_n < 1 + \varepsilon \ (n = 1, 2, 3, \dots)$$

또한 무수히 많은 n에 대하여 다음이 성립한다:

$$1 - \varepsilon < x_n$$

왜냐하면, 만일 유한개의 n에 대하여만 위의 식이 성립한다면 $1-\varepsilon$과 1 사이에는 유한개의 유리수만 존재하여야 한다. ($1-\varepsilon$과 1 사이에 적어도 하나의 유리수가 존재하는 것은 이미 알고 있다.) 그 유리수들을

$$1 - \varepsilon < x_{n_1} < x_{n_2} < \cdots < x_{n_k} < 1$$

라고 하자. 그러면 $x = \frac{x_{n_1}+x_{n_2}}{2}$라고 할 때, $0 < x_{n_1} < x < x_{n_2} < 1$이며 x는 유리수이므로 모순이다.

따라서 정리 2.1.30의 조건을 만족하므로 $\limsup_{n\to\infty} x_n = 1$이다.

참고: 위 문제의 증명과정에서 임의의 서로 다른 두 실수 사이에 적어도 하나의 유리수가 존재하는 것을 이용하여, 사실은 임의의 서로 다른 두 실수 사이에 무수히 많은 유리수가 존재하는 것을 보였다.

필수예제 2.4.7. 다음 점화식으로 정의되는 수열 $\{x_n\}$의 극한이 존재함을 보이

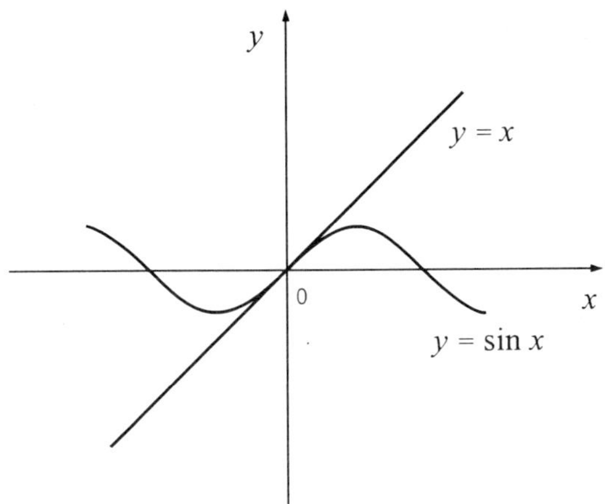

그림 2.4.1: $y = \sin x$와 $y = x$의 그래프

고 그 극한값을 구하라.

$$x_1 = 1, \quad x_{n+1} = \sin x_n \, (n = 1, 2, 3, \dots)$$

풀이: 정리 2.1.21을 이용하여 극한이 존재함을 보이자. 그러려면 우선 수열 $\{x_n\}$이 유계인 것을 보여야 하는데, 수학적 귀납법을 쓰면, $0 \le x_n \le 1$임을 보일 수 있다. 즉, 우선 $n = 1$일 때 $0 \le x_1 \le 1$이 성립한다. 또한 $0 \le x_n \le 1$임을 가정하면 $y = \sin x$의 그래프로부터 $0 \le x_{n+1} = \sin x_n \le 1$임을 알 수 있다. 따라서 주어진 수열 $\{x_n\}$은 유계이다.

또한 $x_n \ge 0$일 때, $x_{n+1} = \sin x_n \le x_n$ (그림 2.4.1에서 참조)이므로 $\{x_n\}$은 단조감소수열이다.

따라서 $\{x_n\}$는 유계인 단조수열이므로 수렴한다. ($\Leftarrow$ 정리 2.1.21) 이제 그 극한값을 α라 하고 $x_{n+1} = \sin x_n$의 양변에 극한을 취하면 $\alpha = \sin \alpha$를 얻는다. 또한 $y = x$와 $y = \sin x$의 그래프는 원점에서만 만나므로, $\alpha = 0$이다. 따라서

$$\lim_{n \to \infty} x_n = 0$$

이다.

참고: 그림 2.4.1에서 알 수 있듯이 $x > 0$일 때, $\sin x < x$이며 $x < 0$일 때는 $x < \sin x$이다. 또한 원점에서 $y = \sin x$의 접선을 구하면 $y = x$이다.

필수예제 2.4.8. 다음과 같이 정의되는 수열 $\{a_n\}$의 극한이 존재함을 보이고, 그 극한값을 구하라.

$$a_1 = \sqrt{2}, \quad a_n = \sqrt{2}^{a_{n-1}} \, (n \geq 2).$$

풀이: 우선 수학적 귀납법을 이용하여 수열 $\{a_n\}$이 $[\sqrt{2}, 2]$에 속함을 보이자. $n = 1$일 때, $a_1 = \sqrt{2}$이므로 $a_1 \in [\sqrt{2}, 2]$이다. 또한 $a_n \in [\sqrt{2}, 2]$라고 가정하면

$$\sqrt{2} \leq \sqrt{2}^{\sqrt{2}} \leq \sqrt{2}^{a_n} = a_{n+1} = \sqrt{2}^{a_n} \leq \sqrt{2}^2 = 2$$

이므로 $a_{n+1} \in [\sqrt{2}, 2]$이다. 따라서 수열 $\{a_n\}$은 $[\sqrt{2}, 2]$에 속한다. 즉, 수열 $\{a_n\}$은 유계이다.

이제 $\{a_n\}$이 단조증가임을 보이자. 그런데 그림 2.4.2에서 알 수 있듯이 두 그래프 $y = \sqrt{2}^x$와 $y = x$는 점 $(2, 2)$와 $(4, 4)$에서 만나며 $x \leq 2$일 때 $\sqrt{2}^x \geq x$이다. 따라서 모든 n에 대하여

$$a_{n+1} = \sqrt{2}^{a_n} \geq a_n$$

이므로 수열 $\{a_n\}$은 단조증가이다.

따라서 a_n은 유계인 단조수열이므로 수렴한다. ($\Leftarrow$정리 2.1.21) 그러므로

$$\lim_{n \to \infty} a_n = a$$

라고 하면 $\sqrt{2}^a = a$이고 $\sqrt{2} \leq a \leq 2$이므로 $a = 2$이다. 즉 $\lim_{n \to \infty} a_n = 2$이다.

참고: 위 예로부터 다음을 알 수 있다:

$$\sqrt{2}^{\sqrt{2}^{\sqrt{2}^{\cdot^{\cdot^{\cdot}}}}} = 2.$$

필수예제 2.4.9. 다음 조건을 만족하지만 Cauchy 수열이 되지 않는 수열 $\{a_n\}$의 예를 들어라:

$$|a_n - a_{n+1}| < \frac{1}{n} \quad (n \in \mathbb{N})$$

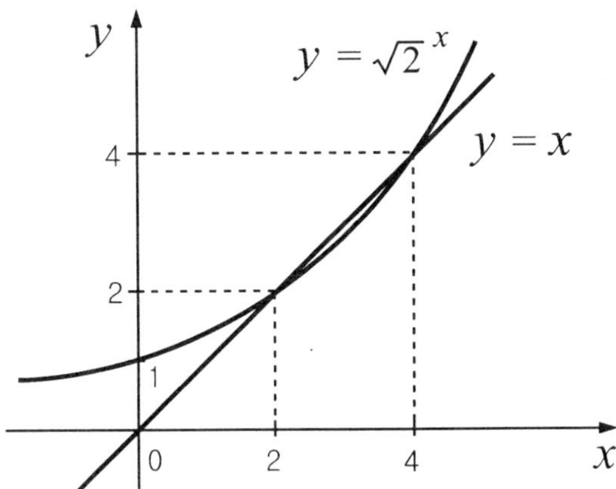

그림 2.4.2: $y=\sqrt{2}^x$ 와 $y=x$의 그래프

풀이: $f(x)=x-\ln(1+x)$ $(x\geq 0)$이라 정의하면 $x>0$일 때

$$f'(x)=1-\frac{1}{1+x}=\frac{x}{1+x}>0$$

이므로 f는 $(0,\infty)$에서 순증가 한다. 또한 $f(0)=0$이므로 $x>0$일 때 $f(x)>0$이다. 즉, $x>0$일 때

$$\ln(1+x)<x \tag{2.4.1}$$

이다.

이제 $a_n=\ln n$이라 하면 임의의 자연수 n에 대하여

$$\begin{aligned} |a_n-a_{n+1}| &= |\ln n-\ln(n+1)| \\ &= \ln(n+1)-\ln n \\ &= \ln\left(1+\frac{1}{n}\right) \\ &< \frac{1}{n} \quad (\Leftarrow \text{식 } (2.4.1)) \end{aligned}$$

이다. 즉 $\{a_n\}$은 문제에서 주어진 조건을 만족한다. 그러나

$$\lim_{n\to\infty} a_n=\lim_{n\to\infty}\ln n=\infty$$

이므로 발산한다. 따라서 $\{a_n\}$은 Cauchy 수열이 아니다.

참고: $x > 0$일 때 $\ln(1+x) < x$인 것은 좌표평면에서 $y = \ln x$와 $y = x$의 그래프를 그려보면 쉽게 알 수 있다.

필수예제 2.4.10. 실수열 $\{x_n\}$과 $\{y_n\}$이 모두 Cauchy 수열일 때, 수열 $\{x_n y_n\}$도 Cauchy 수열이 됨을 보여라.

풀이: Cauchy 수열은 유계이므로 $M_1 > 0$, M_2가 존재하여 다음을 만족한다:

$$|x_n| \le M_1, \quad |y_n| \le M_2 \quad (n \in \mathbb{N}).$$

또한 Cauchy 수열의 정의에 의하여, 임의의 $\varepsilon > 0$에 대하여 $N_1, N_2 \in \mathbb{N}$가 존재하여 다음을 만족한다:

$$m, n \ge N_1 \Rightarrow |x_n - x_m| < \frac{\varepsilon}{2M_2},$$
$$m, n \ge N_2 \Rightarrow |y_n - y_m| < \frac{\varepsilon}{2M_1}.$$

따라서 $N = \max\{N_1, N_2\}$라고 할 때, $m, n \ge N$이면

$$\begin{aligned} |x_n y_n - x_m y_m| &= |x_n y_n - x_m y_n + x_m y_n - x_m y_m| \\ &\le |x_n - x_m||y_n| + |x_m||y_n - y_m| \\ &< \frac{\varepsilon}{2M_2} M_2 + M_1 \frac{\varepsilon}{2M_1} \\ &= \varepsilon \end{aligned}$$

따라서 $\{x_n y_n\}$은 Cauchy 수열이다.

참고: 위 문제에서 Cauchy 수열의 정의를 사용하여 증명하였지만, Cauchy 수열은 수렴한다는 것을 이용하면 증명은 매우 간단해질 수 있다. 즉, $\{x_n\}$과 $\{y_n\}$이 모두 Cauchy 수열이므로 각각은 수렴하는 수열이다. 따라서

$$\lim_{n\to\infty} x_n = x, \quad \lim_{n\to\infty} y_n = y$$

라고 하면 $\{x_n y_n\}$은 수렴하며

$$\lim_{n\to\infty} x_n y_n = xy$$

임을 알고 있다. 따라서 $\{x_n y_n\}$은 수렴하는 수열이므로 Cauchy 수열이다.

필수예제 2.4.11. 실수열 $\{x_n\}$과 $\{y_n\}$에 대하여

$$\lim_{n\to\infty} x_n = x > 0 \text{이고 } \limsup_{n\to\infty} y_n = y$$

일 때, 다음을 보여라.

$$\limsup_{n\to\infty} x_n y_n = xy.$$

풀이: 정리 2.1.30을 사용하여 증명하기로 하자. 우선 $\{x_n\}$이 수렴하므로 유계이다. 즉 $M > 0$이 존재하여 다음을 만족한다.

$$|x_n| \le M \quad (n \in \mathbb{N})$$

이제 $y \neq 0$일 때와 $y = 0$일 때로 나누어 증명하자.

(i) $y \neq 0$일 때: $\{x_n\}$이 x로 수렴하므로, 임의의 $\varepsilon > 0$에 대하여 $K_1 \in \mathbb{N}$이 존재하여 다음을 만족한다:

$$n \ge K_1 \Rightarrow |x_n - x| < \frac{\varepsilon}{2|y|}.$$

그리고 $\limsup_{n\to\infty} y_n = y$이므로 $K_2 \in \mathbb{N}$가 존재하여 다음을 만족한다:

$$n \ge K_2 \Rightarrow y_n < y + \frac{\varepsilon}{2M}.$$

또한 무수히 많은 n에 대하여 $y - \frac{\varepsilon}{2M} < y_n$, 즉 $y - y_n < \frac{\varepsilon}{2M}$이다.

이제 $K = \max\{K_1, K_2\}$라고 하면, $n \ge K$일 때,

$$\begin{aligned} x_n y_n - xy &= x_n y_n - x_n y + x_n y - xy \\ &= x_n(y_n - y) + (x_n - x)y \\ &\le |x_n||y_n - y| + |x_n - x||y| \\ &< M\frac{\varepsilon}{2M} + \frac{\varepsilon}{2|y|}|y| \\ &= \varepsilon. \end{aligned}$$

이다.

또한 무수히 많은 n에 대하여

$$\begin{aligned} xy - x_n y_n &= xy - x_n y + x_n y - x_n y_n \\ &= (x - x_n)y + x_n(y - y_n) \\ &\leq |x - x_n||y| + |x_n||y - y_n| \\ &< \frac{\varepsilon}{2|y|}|y| + M\frac{\varepsilon}{2M} \\ &= \varepsilon. \end{aligned}$$

이다.

따라서 $\limsup_{n\to\infty} x_n y_n = xy$이다.

(ii) $y = 0$일 때: $\limsup_{n\to\infty} y_n = 0$이므로 임의의 $\varepsilon > 0$에 대하여 $K \in \mathbb{N}$가 존재하여 다음을 만족한다:

$$n \geq K \Rightarrow y_n < \frac{\varepsilon}{M}.$$

또한 무수히 많은 n에 대하여 $-\frac{\varepsilon}{M} < y_n$, 즉 $-y_n < \frac{\varepsilon}{M}$이다. 결국 무수히 많은 n에 대하여 $|y_n| < \frac{\varepsilon}{M}$이다.

이제 $n \geq K$일 때,

$$x_n y_n \leq |x_n||y_n| < M\frac{\varepsilon}{M} = \varepsilon$$

이다.

또한 무수히 많은 n에 대하여

$$-x_n y_n \leq |x_n||y_n| < M\frac{\varepsilon}{M} = \varepsilon$$

이다.

따라서 $\limsup_{n\to\infty} x_n y_n = 0 = xy$이다.

제 3 장

실수에서 정의된 함수의 극한과 연속

3.1 정의, 정리 및 기본성질

정의 3.1.1. 집합 $A \subset \mathbb{R}$에 대하여 $a \in \mathbb{R}$가 다음을 만족하면 a를 A의 **집적점**(accumulation point)이라 부른다:

임의의 $\varepsilon > 0$에 대하여 $x \in A$가 존재하여 $0 < |x - a| < \varepsilon$이다.

참고:

(i) A의 집적점 a는 A에 속할 수도 있고 속하지 않을 수도 있다.

(ii) $|x - a|$는 x와 a사이의 거리를 나타내므로 $|x - a| < \varepsilon$은 x와 a 사이의 거리가 ε보다 작다는 것을 의미한다. 또한 $0 < |x - a|$라는 것은 $x \neq a$인 것을 의미한다.

예 3.1.2. $A = [0, 1) \cup \{2\} \subset \mathbb{R}$에 대하여 A의 집적점을 모두 구해보면 $[0, 1]$에 속

하는 모든 점이 된다. 특히 1은 A의 집적점이지만 A에 속하지 않음에 주의해야 하며 2는 A에 속하지만 집적점이 아님에도 주의해야 한다. (예제 3.3.2 참조)

정의 3.1.3. 집합 $A \subset \mathbb{R}$의 집적점 전체의 집합을 A'으로 나타내고, 이를 A의 **유도집합**이라고 부른다.

예 3.1.4. $A = [0,1) \cup \{2\} \subset \mathbb{R}$에 대하여 A의 유도집합은 $A' = [0,1]$이다. (예제 3.3.2 참조)

정의 3.1.5. 집합 $A \subset \mathbb{R}$에 대하여 $a \in A$가 A의 집적점이 아닐 때, a를 A의 **고립점**(isolated point)이라 부른다.

예 3.1.6. $A = [0,1) \cup \{2\} \subset \mathbb{R}$에 대하여 A의 고립점은 2뿐이다.

정의 3.1.7. (함수의 극한) 함수 $f : A \to \mathbb{R}$와 A의 집적점 a에 대하여, 실수 L이 존재하여 다음을 만족하면 "x가 a로 가까이 갈 때, 함수 $f(x)$는 **극한**(limit) L을 갖는다"고 하고

$$\lim_{x \to a} f(x) = L$$

로 나타낸다:

임의의 $\varepsilon > 0$에 대하여 $\delta > 0$가 존재하여

$$x \in A\text{이고 } 0 < |x-a| < \delta\text{이면 } |f(x) - L| < \varepsilon\text{이다.}$$

성질 3.1.8. $A \subset \mathbb{R}$일 때 함수 $f : A \to \mathbb{R}$와 $g : A \to \mathbb{R}$에 대하여 $\lim_{x \to a} f(x) = \alpha$, $\lim_{x \to a} g(x) = \beta$라고 하면 다음이 성립한다.

1. $\lim_{x \to a} \{f(x) + g(x)\} = \alpha + \beta$

2. $\lim_{x \to a} \{f(x) - g(x)\} = \alpha - \beta$

3. $\lim_{x \to a} f(x)g(x) = \alpha\beta$

4. $\lim_{x \to a} \dfrac{f(x)}{g(x)} = \dfrac{\alpha}{\beta}\ (\beta \neq 0)$

5. $\lim_{x \to a} c\,f(x) = c\,\alpha$

정의 3.1.9. 집합 $A \subset \mathbb{R}$에 대하여 $a \in \mathbb{R}$가 다음을 만족하면 a를 A의 **좌집적점**(left accumulation point)이라 부른다:

임의의 $\delta > 0$에 대하여 $x \in A$가 존재하여 $0 < a - x < \delta$이다.

마찬가지로 집합 $A \subset \mathbb{R}$에 대하여 $a \in \mathbb{R}$가 다음을 만족하면 a를 A의 **우집적점**(right accumulation point)이라 부른다:

임의의 $\delta > 0$에 대하여 $x \in A$가 존재하여 $0 < x - a < \delta$이다.

참고: 좌집적점의 정의에서 $0 < a - x < \delta$를 다시 쓰면 $x < a < x + \delta$이다. 즉 a의 왼쪽에 x가 존재하되 x와 a 사이의 거리는 δ보다 작다는 뜻이다.

예 3.1.10. $A = (0, 1) \subset \mathbb{R}$에 대하여 0은 A의 우집적점, 1은 A의 좌집적점이다. 물론 $\frac{1}{2}$은 A의 좌집적점, 우집적점 및 집적점이 모두 된다.

정리 3.1.11. 함수 $f : A \to \mathbb{R}$와 A의 좌집적점 a에 대하여, 실수 L이 존재하여 다음을 만족하면 "x가 a의 왼쪽에서 a로 가까이 갈 때, 함수 $f(x)$는 **좌극한** L을 갖는다"고 하고

$$\lim_{x \to a^-} f(x) = L$$

로 나타낸다: 임의의 $\varepsilon > 0$에 대하여 $\delta > 0$가 존재하여

$$x \in A\text{이고 } 0 < a - x < \delta\text{이면 } |f(x) - L| < \varepsilon\text{이다.}$$

또한 함수 $f : A \to \mathbb{R}$와 A의 우집적점 a에 대하여, 실수 L이 존재하여 다음을 만족하면 "x가 a의 오른쪽에서 a로 가까이 갈 때, 함수 $f(x)$는 **우극한** L을 갖는다"고 하고

$$\lim_{x \to a^+} f(x) = L$$

로 나타낸다: 임의의 $\varepsilon > 0$에 대하여 $\delta > 0$가 존재하여

$$x \in A\text{이고 } 0 < x - a < \delta\text{이면 } |f(x) - L| < \varepsilon\text{이다.}$$

정리 3.1.12. 함수 $f : A \to \mathbb{R}$와 A의 좌집적점 및 우집적점이 되는 점 a에 대하여

$$\lim_{x \to a} f(x) = L$$

일 필요충분조건은

$$\lim_{x \to a^-} f(x) = \lim_{x \to a^+} f(x) = L$$

이다.

정의 3.1.13. $A \subset \mathbb{R}$일 때 함수 $f : A \to \mathbb{R}$가 다음 조건을 만족하면

$$\lim_{x \to \infty} f(x) = L$$

이라 부른다:

임의의 $\varepsilon > 0$에 대하여 $M \in \mathbb{R}$이 존재하여 $x > M$이면 $|f(x) - L| < \varepsilon$이다.

정의 3.1.14. $A \subset \mathbb{R}$일 때 함수 $f : A \to \mathbb{R}$가 다음 조건을 만족하면

$$\lim_{x \to -\infty} f(x) = L$$

이라 부른다:

임의의 $\varepsilon > 0$에 대하여 $M \in \mathbb{R}$이 존재하여 $x < M$이면 $|f(x) - L| < \varepsilon$이다.

정의 3.1.15. $A \subset \mathbb{R}$이고 $a \in A$일 때 함수 $f : A \to \mathbb{R}$에 대하여 위의 정의들과 유사하게 다음을 각각 정의할 수 있다.

$$\lim_{x \to a^+} f(x) = \infty, \quad \lim_{x \to a^+} f(x) = -\infty, \quad \lim_{x \to a^-} f(x) = \infty, \quad \lim_{x \to a^-} f(x) = -\infty,$$

예를 들어 $\lim_{x \to a^+} f(x) = \infty$의 정의는 다음과 같다:

임의의 $M > 0$에 대하여 $\delta > 0$가 존재하여

$$x \in A\text{이고 } 0 < a - x < \delta\text{이면 } f(x) > M\text{이다.}$$

정의 3.1.16. 함수 $f : \mathbb{R} \to \mathbb{R}$에 대하여 위의 정의들과 유사하게 다음을 각각 정의할 수 있다.

$$\lim_{x \to \infty} f(x) = \infty, \quad \lim_{x \to \infty} f(x) = -\infty, \quad \lim_{x \to -\infty} f(x) = \infty, \quad \lim_{x \to -\infty} f(x) = -\infty.$$

예를 들어 $\lim_{x \to \infty} f(x) = \infty$의 정의는 다음과 같다:

임의의 $M > 0$에 대하여 적당한 $\alpha \in \mathbb{R}$가 존재하여

$$x > \alpha\text{이면 } f(x) > M\text{이다.}$$

정의 3.1.17. A가 $\mathbb{R}$의 부분집합이라 할 때, 수열 $\{x_n\} \subset A$이 존재하여

$$\lim_{n\to\infty} x_n = x$$

라 하면 $x \in X$를 A의 **극한점**(limit point)이라 부른다.

주의: 극한점의 정의에서 수열 $\{x_n\}$은 A에 속해야 하지만 극한점 x는 A에 속할 수도 있고, 속하지 않을 수도 있다.

정리 3.1.18. A가 $\mathbb{R}$의 부분집합이고 $a \in X$라 할 때, a가 A의 극한점일 필요충분조건은 a가 A의 집적점이거나 고립점인 것이다.

예 3.1.19. $A = [0, 1) \cup \{2\} \subset \mathbb{R}$에 대하여 A의 극한점을 모두 구하면 $[0, 1] \cup \{2\}$이다. (예제 3.3.3 참조)

정리 3.1.20. $A \subset \mathbb{R}$, $f : A \to \mathbb{R}$이고 a가 A의 집적점일 때

$$\lim_{x\to a} f(x) = L$$

이 성립할 필요충분조건은 다음과 같다:

a로 수렴하는 임의의 수열 $\{x_n\} \subset A$, $x_n \neq x$ $(n \in \mathbb{N})$에 대하여

$$\lim_{n\to\infty} f(x_n) = L.$$

정리 3.1.21. $A \subset \mathbb{R}$, $f : A \to \mathbb{R}$, $g : A \to \mathbb{R}$, $h : A \to \mathbb{R}$이고 a가 A의 집적점일 때 $x \neq a$인 임의의 $x \in A$에 대하여 부등식

$$f(x) \leq g(x) \leq h(x)$$

이 성립하고

$$\lim_{x\to a} f(x) = \lim_{x\to a} h(x) = L$$

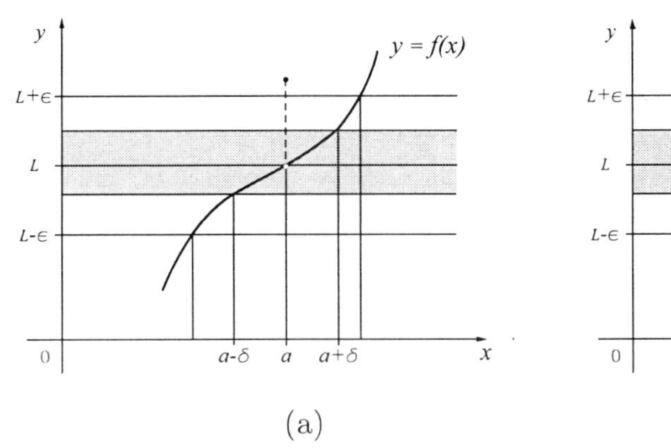

(a)

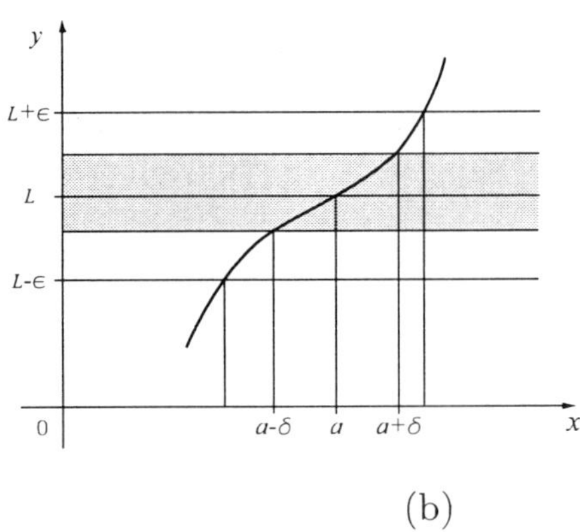

(b)

그림 3.1.1: (a) 함수의 극한을 설명하는 그림. 이 예의 경우 주어진 $\varepsilon > 0$으로부터 나타나는 옅은 색 가로 띠 안에 짙은 색 띠가 들어가도록 $\delta > 0$를 잘 잡아주고 있다. 결국 $\lim_{x\to a} f(x) = L$이며 a에서의 함수값 $f(a)$와는 무관하게 극한값은 결정됨을 알 수 있으며 $\lim_{x\to a} f(x) = L \neq f(a)$이므로 f는 a에서 연속이 아니다. (b) 연속인 경우에는 $\lim_{x\to a} f(x) = f(a)$임을 알 수 있다.

이면

$$\lim_{x\to a} g(x) = L$$

이다.

정의 3.1.22. $f : A \to \mathbb{R}$, $A \subset \mathbb{R}$, $a \in A$라고 할 때, 다음을 만족하면 함수 f가 a에서 **연속**(continuous)이라고 한다:

임의의 $\varepsilon > 0$에 대하여 $\delta > 0$가 존재하여,

$$x \in A\text{이고 } |x-a| < \delta\text{이면 } |f(x) - f(a)| < \varepsilon\text{이다.}$$

또한 함수 $f : A \to \mathbb{R}$가 f의 정의역 A에 속하는 모든 점에서 연속이면 **연속함수**(continuous function)라고 부른다.

정리 3.1.23. $f : A \to \mathbb{R}$, $A \subset \mathbb{R}$, $a \in A$이며 a가 A의 집적점이라 할 때, f가 a에서 연속일 필요충분조건은 다음과 같다:

$$\lim_{x \to a} f(x) = f(a).$$

정리 3.1.24. $f : A \to \mathbb{R}$, $A \subset \mathbb{R}$, $a \in A$라고 할 때, f가 a에서 연속일 필요충분조건은 다음과 같다:

$\lim_{n \to \infty} a_n = a$인 임의의 수열 $\{a_n\}$에 대하여 $\lim_{n \to \infty} f(a_n) = f(a)$이다.

정리 3.1.25. 함수 $f : A \to \mathbb{R}$는 A의 임의의 고립점에서 연속이다.

정리 3.1.26. 함수 $f : A \to \mathbb{R}$, $g : A \to \mathbb{R}$가 $a \in A$에서 연속이면 이들 함수들의 합, 차, 곱, 몫(분모가 0이 아닐 때), 상수배로 만들어진 함수들도 a에서 각각 연속이다. 즉 함수 $f+g$, $f-g$, $f \cdot g$, $\frac{f}{g}$ $(g(x) \neq 0)$, cf $(c \in \mathbb{R})$는 각각 a에서 연속이다.

정리 3.1.27. 함수 f가 a에서 연속이고 함수 g가 $f(a)$에서 연속이면 합성함수 $g \circ f$는 a에서 연속이다.

정의 3.1.28. 함수 $f : A \to \mathbb{R}$가 다음을 만족하면 **위로 유계**(bounded above)라고 한다:

$M \in \mathbb{R}$이 존재하여, 모든 $x \in A$에 대하여 $f(x) \leq M$이다.

또한 함수 $f : A \to \mathbb{R}$가 다음을 만족하면 **아래로 유계**(bounded below)라고 한다:

$m \in \mathbb{R}$이 존재하여, 모든 $x \in A$에 대하여 $M \leq f(x)$이다.

정의 3.1.29. 함수 $f : A \to \mathbb{R}$가 위로 유계이면서 동시에 아래로 유계이면 f는 **유계**(bounded)라고 한다.

정리 3.1.30. (유계인 닫힌 구간에서의 최대·최소정리) 함수 $f : [a, b] \to \mathbb{R}$가 연속이면 f는 $[a, b]$에서 최대, 최소값을 갖는다.

3.2 O, X 문제

다음 명제들에 대하여 참인 것에는 O, 거짓인 것에는 X로 표시하라.

1. $A = [0,1) \cup \{2\} \subset \mathbb{R}$일 때 1은 A의 집적점이다. ( )

2. $A = \{\frac{1}{n} : n = 1,2,3,\dots\}$일 때 $A' = \phi$이다. ( )

3. $A \subset \mathbb{R}$이고 $f : A \to \mathbb{R}$일 때 f는 A의 고립점에서 연속이다. ( )

4. $A = \{\frac{1}{n} : n = 1,2,3,\dots\} \cup \{2\}$일 때 A의 극한점은 0밖에 없다. ( )

5. a가 집합 $A \subset \mathbb{R}$의 극한점이면 a는 A의 집적점이다. ( )

6. $f : [0,1] \to \mathbb{R}$가 연속함수이고 $f(\frac{1}{n}) = \frac{1}{n^2}$ $(n = 1,2,3,\dots)$이면 $f(0) = 0$이다. ( )

7. $f : \mathbb{R} \to \mathbb{R}$가 연속함수이고 임의의 유리수 x에서 $f(x) = x$이면 $f(\sqrt{2}) = \sqrt{2}$이다. ( )

8. $f : \mathbb{R} \to \mathbb{R}$, $f(x) = x^2$이며 함수 $g : \mathbb{R} \to \mathbb{R}$는 4에서 연속이면 합성함수 $g \circ f$는 2에서 연속이다. ( )

9. 닫힌 구간 $[0,1]$에서 정의되는 함수 $f : [0,1] \to \mathbb{R}$는 항상 유계이다. ( )

10. 함수

$$f : [0,1] \to \mathbb{R}, \quad f(x) = \frac{x^5 + 3x^2 - x + 7}{x^2 + 1}$$

이라고 할 때 f는 $[0,1]$에서 최대값을 갖는다. ( )

11. 닫힌 구간 $[0,1]$에서 정의되는 유계가 아닌 함수는 불연속이다. ( )

O, X 문제 정답 및 해설

정답:

문제	1	2	3	4	5	6	7	8	9	10	11
정답	O	X	O	X	X	O	O	O	X	O	O

해설:

1. 정답: O

   임의의 $\varepsilon > 0$에 대하여 만일 $\varepsilon < 1$일 때는 $x = 1 - \frac{\varepsilon}{2}$이라 하면

   $$0 < |x - 1| = \frac{\varepsilon}{2} < \varepsilon$$

   이고, $\varepsilon \geq 1$일 때는 $x = \frac{1}{2}$라고 하면 역시

   $$0 < |x - 1| = \frac{1}{2} < 1 \leq \varepsilon$$

   이므로 1은 A의 집적점이다.

   참고로 A의 유도집합은 $A' = [0, 1]$이다.

2. 정답: X

   0은 집합 A에 대한 유일한 집적점이므로 $A' = \{0\}$이다. 이 경우 $0 \notin A$임에 주의하라.

   참고로 집합 A에 속하는 모든 점은 고립점이다.

3. 정답: O

   함수 $f : A \to \mathbb{R}$는 A의 모든 고립점에서 항상 연속이다.

4. 정답: X

   A의 극한점은 0과 2이다.

5. 정답: X

극한점은 집적점과 고립점의 합집합이다. 따라서 주어진 집합의 한 점이 고립점이면 극한점은 되지만 집적점은 아니다.

6. 정답: O

연속함수의 성질에 의하여

$$f(0) = f\left(\lim_{n\to\infty} \frac{1}{n}\right) = \lim_{n\to\infty} f\left(\frac{1}{n}\right) = \lim_{n\to\infty} \frac{1}{n^2} = 0$$

이다.

7. 정답: O

$\sqrt{2}$로 수렴하는 유리수열 $\{x_n\}$을 잡으면

$$f(\sqrt{2}) = f\left(\lim_{n\to\infty} x_n\right) = \lim_{n\to\infty} f(x_n) = \lim_{n\to\infty} x_n = \sqrt{2}$$

이다.

8. 정답: O

$f(2) = 4$이고 f는 2에서 연속이며 g는 4에서 연속이므로 합성함수 $g \circ f$는 2에서 연속이다. (정리 3.1.27 참조)

9. 정답: X

다음 함수 $f : [0,1] \to \mathbb{R}$는 유계가 아니다. (예제 3.3.11 참조)

$$f(x) = \begin{cases} \frac{1}{x} & (x \in (0,1]\text{일 때}) \\ 0 & (x = 0\text{일 때}) \end{cases}$$

참고로 이 함수 f는 연속이 아니다. 유계인 닫힌 구간에서 정의된 연속함수는 항상 유계이다.

10. 정답: O

    함수 f는 유리함수이므로 분모가 0이 아닌 모든 점에서 연속이다. 그런데 분모는 $x^2+1 \geq 1 > 0$이므로 f는 정의역의 모든 점에서 연속이다. 따라서 f는 유계인 닫힌 구간 $[0,1]$에서 정의된 연속함수이므로 최대, 최소값을 갖는다. (정리 3.1.30 참조)

11. 정답: O

    만일 닫힌 구간 $[0,1]$에서 정의된 함수 f가 $[0,1]$에서 연속이면 f는 유계이다. 따라서 대우를 취해보면 f가 유계가 아닐 때 f는 적당한 점 $a \in [0,1]$에서 불연속이 될 수밖에 없음을 안다. (정리 3.1.30 참조)

3.3 기본예제

기본예제 3.3.1. $A = \left\{\frac{1}{n} : n = 1, 2, 3, \ldots\right\}$이라고 할 때 집합 A의 집적점을 모두 구하라.

풀이: 우선 0은 A의 집적점이다. 왜냐하면 임의의 $\varepsilon > 0$에 대하여 자연수 n이 존재하여 $n > \frac{1}{\varepsilon}$, 즉 $0 < \frac{1}{n} < \varepsilon$이기 때문이다.

또한 0이 아닌 실수 a는 A의 집적점이 될 수 없다. 왜냐하면 이 경우 ε을 충분히 작게 잡으면 $0 < |x - a| < \varepsilon$을 만족하는 A의 원소 x가 존재하지 않기 때문이다.

따라서 A의 집적점은 0밖에 없다.

보충설명: 위 설명에서 0이 A의 집적점인 이유를 정의를 따라 다시 쓰면 다음과 같다: 임의의 $\varepsilon > 0$에 대하여 $n > \frac{1}{\varepsilon}$인 자연수 n을 잡으면 $\frac{1}{n} \in A$이고 $0 < |\frac{1}{n} - 0| < \varepsilon$이다.

또한 0이 아닌 실수는 a는 A의 집적점이 될 수 없는 이유를 좀 더 자세히 설명하면 다음과 같다: $a < 0$일 때 $\varepsilon = \frac{|a|}{2}$로 잡으면 $0 < |x - a| < \varepsilon$을 만족하는 A의 원소 x가 존재하지 않으며, $a > 1$일 때는 $\varepsilon = \frac{a-1}{2}$로 잡으면 $0 < |x - a| < \varepsilon$을 만족하는 A의 원소 x가 역시 존재하지 않는다. 또한 $0 < a \leq 1$일 때는 $n \in \mathbb{N}$이 존재하여 $\frac{1}{n+1} < a \leq \frac{1}{n}$ 일 것이므로 $a = \frac{1}{n}$일 때 $\varepsilon = \frac{1}{2}\left(\frac{1}{n} - \frac{1}{n+1}\right)$로, $\frac{1}{n+1} < a < \frac{1}{n}$일 때는 $\varepsilon = \frac{1}{2}\min\left\{a - \frac{1}{n+1}; \frac{1}{n} - a\right\}$로 두면 $0 < |x - a| < \varepsilon$을 만족하는 A의 원소 x가 역시 존재하지 않는다.

기본예제 3.3.2. $A = [0, 1) \cup \{2\}$일 때 A의 집적점을 모두 구하라.

풀이: A의 집적점을 모두 구하면 $[0, 1] = \{x : 0 \leq x \leq 1\}$이다. 즉 A의 유도집합은 $A' = [0, 1]$이다. 증명은 앞 문제와 거의 유사하다.

기본예제 3.3.3. $A = [0, 1) \cup \{2\}$일 때 A의 극한점을 모두 구하라.

풀이: A의 극한점은 A의 집적점과 고립점의 합집합이므로 다음과 같다.

$$A = [0, 1] \cup \{2\}$$

기본예제 3.3.4. 유리수 집합 $\mathbb{Q}$의 유도집합 $\mathbb{Q}'$을 구하라.

풀이: 임의의 실수 a는 $\mathbb{Q}$의 집적점이 된다. 왜냐하면 유리수의 조밀성에 의하면, 임의의 $\varepsilon > 0$에 대하여 $a < x < a + \varepsilon$인 유리수 x가 존재하기 때문이다. 즉, 이 경우 $0 < |x - a| < \varepsilon$이며 $x \in \mathbb{Q}$이다. 따라서 $\mathbb{Q}' = \mathbb{R}$이다.

기본예제 3.3.5. $f : \mathbb{R} \to \mathbb{R}$, $f(x) = 2x$일 때 함수의 극한의 정의를 이용하여 다음을 보여라.

$$\lim_{x \to 1} f(x) = 2.$$

풀이: 임의의 $\varepsilon > 0$에 대하여 $\delta = \frac{\varepsilon}{2} > 0$이라고 하면 다음이 성립한다:

$$0 < |x - 1| < \delta \Rightarrow |f(x) - 2| = |2x - 2| = 2|x - 1| < 2\delta = \varepsilon.$$

따라서 $\lim_{x \to 1} f(x) = 2$이다.

기본예제 3.3.6. $f : \mathbb{R} \to \mathbb{R}$, $f(x) = x^2$일 때 함수의 극한의 정의를 이용하여 다음을 보여라.

$$\lim_{x \to 2} f(x) = 4.$$

풀이: 임의의 $\varepsilon > 0$에 대하여 $\delta = \min\left\{1, \frac{\varepsilon}{5}\right\} > 0$이라고 하면 다음이 성립한다:

$$\begin{aligned} 0 < |x - 2| < \delta \Rightarrow |f(x) - 4| &= |x^2 - 4| \\ &= |x + 2||x - 1| \\ &\leq (|x| + 2)|x - 2| \\ &< 5\delta \leq \varepsilon. \end{aligned}$$

따라서 $\lim_{x \to 2} f(x) = 4$이다.

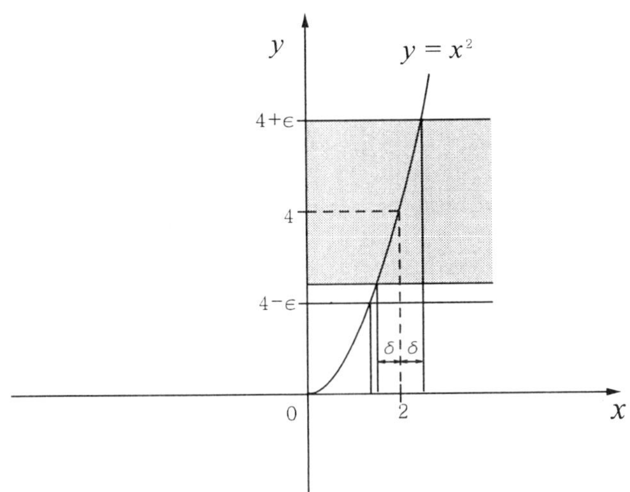

그림 3.3.1: $\lim_{x\to 2} x^2 = 4$임을 설명하는 그림. 주어진 $\varepsilon > 0$으로부터 나타나는 두께 2ε인 가로 띠 안에 짙은 색 가로 띠가 들어가도록 $\delta > 0$를 잡으면 된다. 이 그림에서 나타나는 δ가 주어진 $\varepsilon > 0$에 대하여 잡을 수 있는 최대 δ이다.

참고: 위 문제에서는 일단 $|x| + 2$ 부분을 처리하기 위해 $\delta \le 1$로 잡는다. 즉, $\delta \le 1$로 두게 되면 $|x - 2| < \delta \le 1$이므로 x와 2의 거리는 1을 넘지 못한다. 따라서 $|x| \le 3$이며 결국 $|x| + 2 \le 5$를 얻게 된다. 결과적으로 $(|x| + 2)|x - 2|$는 5δ보다 작게 되며, 마지막 식에서 $5\delta \le \varepsilon$이 되어야 하므로 증명의 처음 부분에 $\delta = \min\left\{1, \frac{\varepsilon}{5}\right\}$라고 두게 되면 $\delta \le 1$이고 동시에 $5\delta \le \varepsilon$이다.

기본예제 3.3.7. 함수 $f : \mathbb{R} \to \mathbb{R}$를 다음과 같이 정의하자:

$$f(x) = \begin{cases} x^2 & (x \ne 2\text{일 때}) \\ 0 & (x = 2\text{일 때}) \end{cases}$$

이 때 함수의 극한의 정의를 이용하여 다음을 보여라.

$$\lim_{x\to 2} f(x) = 4.$$

풀이: 증명은 앞 문제와 완전히 같다.

즉, 임의의 $\varepsilon > 0$에 대하여 $\delta = \min\left\{1, \frac{\varepsilon}{5}\right\} > 0$이라고 하면 다음이 성립한다:

$$\begin{aligned} 0 < |x-2| < \delta \Rightarrow |f(x) - 4| &= |x^2 - 4| \\ &= |x+2||x-1| \\ &\leq (|x|+2)|x-2| \\ &< 5\delta \leq \varepsilon. \end{aligned}$$

따라서 $\lim_{x \to 2} f(x) = 4$이다.

주의: 이 문제에서 $x = 2$에서의 함수값은 중요하지 않다. 이 문제의 증명을 보면 $|f(x) - 4|$를 계산하고 있으며 $|f(x) - f(2)|$를 계산하고 있지 않음에 주의하라. 또한 $0 < |x-2|$인 x만을 생각하므로 $x \neq 2$이다. 결과적으로 위 문제에서 $x = 2$에서의 함수값은 생각할 필요가 없다. 심지어 $x = 2$에서 함수값이 정의되어 있지 않아도 함수의 극한값은 여전히 4이다.

기본예제 3.3.8. $f : \mathbb{R} \to \mathbb{R}$, $f(x) = x^2$일 때 연속의 정의를 이용하여 함수 f는 $x = 2$에서 연속임을 보여라.

풀이: 임의의 $\varepsilon > 0$에 대하여 $\delta = \min\left\{1, \frac{\varepsilon}{5}\right\} > 0$이라고 하면 다음이 성립한다:

$$\begin{aligned} |x-2| < \delta \Rightarrow |f(x) - f(2)| &= |x^2 - 4| \\ &= |x+2||x-1| \\ &\leq (|x|+2)|x-2| \\ &< 5\delta \leq \varepsilon. \end{aligned}$$

따라서 함수 f는 $x = 2$에서 연속이다.

기본예제 3.3.9. 함수 $f : \mathbb{R} \to \mathbb{R}$를 다음과 같이 정의하자:

$$f(x) = \begin{cases} x^2 & (x \neq 2\text{일 때}) \\ 0 & (x = 2\text{일 때}) \end{cases}$$

이 때, 연속의 정의를 이용하여 함수 f는 $x = 2$에서 불연속임을 보여라.

풀이: $\varepsilon = 1 > 0$이라 하면, 임의의 $\delta > 0$에 대하여

$$\alpha = \min\left\{\frac{\delta}{2}, 1\right\} > 0, \quad x = 2 + \alpha$$

라고 할 때, $|x-2| = |\alpha| \le \frac{\delta}{2} < \delta$이지만

$$|f(x) - f(2)| = |(2+\alpha)^2 - 0| \ge 2^2 = 4 > 1 = \varepsilon$$

이다. 따라서 함수 f는 $x = 2$에서 불연속이다.

참고: 위 문제의 경우, 연속의 정의를 써서 증명해야 한다는 문제의 조건 때문에 위와 같이 했지만, 굳이 연속의 정의를 사용하지 않아도 된다면 다음과 같이 간단히 설명하면 된다.

$$\lim_{x\to 2} f(x) = \lim_{x\to 2} x^2 = 4 \ne 0 = f(2).$$

기본예제 3.3.10. 함수의 극한의 정의를 이용하여 다음을 보여라.

$$\lim_{x\to 0^+} \sqrt{x} = 0.$$

풀이: 임의의 $\varepsilon > 0$에 대하여 $\delta = \varepsilon^2 > 0$라고 하면 다음이 성립한다:

$$0 < x < \delta \Rightarrow |\sqrt{x} - 0| = \sqrt{x} < \sqrt{\delta} = \varepsilon.$$

따라서 $\lim_{x\to 0^+} \sqrt{x} = 0$이다.

기본예제 3.3.11. 닫힌 구간 $[0,1]$에서 정의된 유계가 아닌 함수 $f : [0,1] \to \mathbb{R}$의 예를 들어라.

풀이: 함수 f를 다음과 같이 정의하자.

$$f(x) = \begin{cases} \frac{1}{x} & (x \in (0,1]\text{일 때}) \\ 0 & (x = 0\text{일 때}) \end{cases}$$

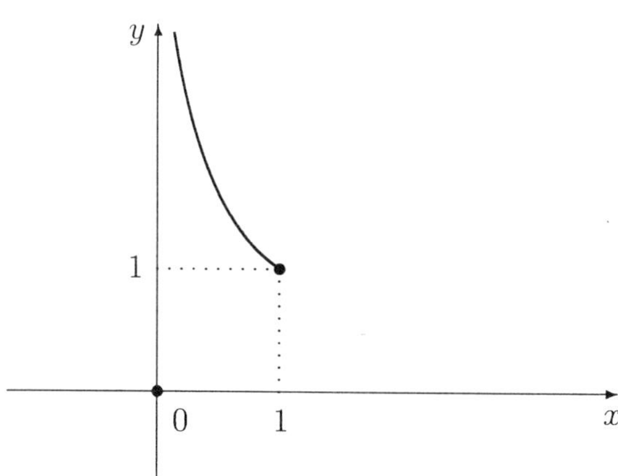

그림 3.3.2: 예제 3.3.11에서 나타나는 닫힌 구간 $[0,1]$에서 정의된 유계가 아닌 함수의 그래프

그러면 f는 $[0,1]$에서 정의된 함수이다. 또한 임의의 $M>0$에 대하여

$$0 < x < \min\left\{1, \frac{1}{M}\right\}$$

인 실수 x를 택하면 $x \in (0,1]$이고 $f(x) = \frac{1}{x} > M$이다. 따라서 f는 위로 유계가 아니다. 결국 f는 유계가 아니다.

참고: 예제 3.3.11의 경우 그림 3.3.2를 보면 f가 유계가 아닌 것은 당연하다.

기본예제 3.3.12. 함수의 극한의 정의를 이용하여 다음을 보여라.

$$\lim_{x\to 0} \sin x = 0.$$

풀이: 임의의 $\varepsilon > 0$에 대하여 $\delta = \varepsilon > 0$라고 하면 다음이 성립한다:

$$0 < |x-0| < \delta \Rightarrow |\sin x - 0| \le |x| < \delta = \varepsilon.$$

따라서 $\lim\limits_{x\to 0} \sin x = 0$이다.

참고: 그림 2.4.1로부터 임의의 $x \in \mathbb{R}$에 대하여 $|\sin x| \le |x|$이다.

기본예제 3.3.13. 함수의 극한의 정의를 사용하여 다음을 보여라.

$$\lim_{x\to 0^+} \frac{1}{x^3} = \infty.$$

풀이: 임의의 $M > 0$에 대하여 $0 < \delta < \frac{1}{\sqrt[3]{M}}$인 δ를 잡으면 다음이 성립한다.

$$0 < x < \delta \implies f(x) = \frac{1}{x^3} > \frac{1}{\delta^3} > M.$$

따라서

$$\lim_{x\to 0^+} \frac{1}{x^3} = \infty$$

이다.

기본예제 3.3.14. 함수의 극한의 정의를 사용하여 다음을 보여라.

$$\lim_{x\to\infty} x^2 = \infty.$$

풀이: 임의의 $M > 0$에 대하여 $\alpha > \sqrt{M}$인 실수 α를 잡으면 다음이 성립한다.

$$x > \alpha \implies f(x) = x^2 > \alpha^2 > M.$$

따라서

$$\lim_{x\to\infty} x^2 = \infty$$

이다.

3.4 필수예제

필수예제 3.4.1. 다음 함수 f에 대하여 $x=0$에서의 연속성을 조사하라.

$$f(x) = \begin{cases} x^2 & (x\text{가 유리수일 때}) \\ 0 & (x\text{가 무리수일 때}) \end{cases}$$

풀이: 이 함수는 $x=0$에서 연속이다.

왜냐하면 임의의 $\varepsilon > 0$에 대하여 $\delta = \sqrt{\varepsilon} > 0$라고 하면 다음이 성립한다:

$$|x-0| < \delta \Rightarrow |f(x) - f(0)| = |f(x) - 0^2| = |f(x)| \leq |x^2| = |x|^2 < \delta^2 = \varepsilon.$$

주의: 위 문제에서 $x \neq 0$인 점에서 f는 불연속이다. 왜냐하면 0이 아닌 점 $x \in \mathbb{R}$를 생각할 때, 만일 x가 유리수이면 x로 수렴하는 무리수열 $\{a_n\}$을 잡으면

$$\lim_{n\to\infty} f(a_n) = \lim_{n\to\infty} 0 = 0 \neq x^2 = f(x)$$

이고, x가 무리수일 때는 x로 수렴하는 유리수열 $\{b_n\}$을 잡으면

$$\lim_{n\to\infty} f(b_n) = \lim_{n\to\infty} b_n^2 = x^2 \neq 0 = f(x)$$

이기 때문이다. ($\Leftarrow$ 정리 3.1.24 참고)

필수예제 3.4.2. 다음 함수 f는 실수의 모든 점에서 불연속임을 보여라.

$$f(x) = \begin{cases} 1 & (x\text{가 유리수일 때}) \\ 0 & (x\text{가 무리수일 때}) \end{cases}$$

풀이: 정리 3.1.24를 이용하여 증명하자.

x가 유리수일 때, x로 수렴하는 무리수열 $\{a_n\}$을 잡으면

$$\lim_{n\to\infty} f(a_n) = \lim_{n\to\infty} 0 = 0 \neq 1 = f(x)$$

이고, x가 무리수일 때는 x로 수렴하는 유리수열 $\{b_n\}$을 잡으면

$$\lim_{n\to\infty} f(b_n) = \lim_{n\to\infty} 1 \neq 0 = f(x)$$

이므로 어느 경우이건 함수 f는 x에서 불연속이다.

필수예제 3.4.3. 함수 $f : \mathbb{R} \to \mathbb{R}$가 실수의 모든 점에서 연속이고 x가 유리수일 때 $f(x) = 0$이면, 임의의 실수 x에 대하여 $f(x) = 0$임을 보여라.

풀이: x가 유리수일 때 $f(x) = 0$이므로 x가 무리수일 때도 $f(x) = 0$임을 보이기만 하면 된다. 그런데 이 경우 무리수 x로 수렴하는 유리수열 x_n을 잡으면, f가 x에서 연속이기 때문에 다음이 성립한다:

$$f(x) = \lim_{n\to\infty} f(x_n) = \lim_{n\to\infty} 0 = 0.$$

참고: 임의의 실수 x에 대하여, x로 수렴하는 유리수열이 존재하는 것은 예제 2.4.3에 잘 설명되어 있다.

필수예제 3.4.4. 함수 $f : \mathbb{R} \to \mathbb{R}$가 연속이고, 임의의 유리수 r에 대하여

$$f(r) = r^2$$

이면 임의의 실수 x에 대하여 $f(x) = x^2$임을 보여라.

풀이: 임의의 실수 x에 대하여, x로 수렴하는 유리수열 $\{r_n\}$을 잡고, f가 x에서 연속인 것을 이용하면

$$f(x) = \lim_{n\to\infty} f(r_n)$$

임을 안다. 그런데

$$\lim_{n\to\infty} f(r_n) = \lim_{n\to\infty} r_n^2 = x^2$$

이므로 결국

$$f(x) = x^2$$

이다.

필수예제 3.4.5. 다음 함수 $f : (0,1) \to \mathbb{R}$에 대하여 연속인 점을 모두 구하라.

$$f(x) = \begin{cases} \frac{1}{n} & (x = \frac{m}{n}\text{일 때, 단 } m, n\text{은 서로소인 자연수}) \\ 0 & (\text{기타의 경우, 즉 } x\text{가 무리수일 때}) \end{cases}$$

풀이: 우선 $(0,1)$에 속하는 모든 유리수 점에서 f가 불연속임을 보이자.

$x \in (0,1)$가 유리수라 하면 적당한 자연수 m, n에 대하여

$$x = \frac{m}{n} \quad (m,\ n\text{은 서로소})$$

으로 표현되며 $f(x) = \frac{1}{n}$이다. 따라서 $\varepsilon = \frac{1}{2n} > 0$이라 하면 임의의 $\delta > 0$에 대하여 $|y - x| < \delta$이고 $y \in (0,1)$인 무리수 y가 존재하므로

$$|f(y) - f(x)| = \left|0 - \frac{1}{n}\right| > \frac{1}{2n} = \varepsilon$$

이다. 따라서 f는 유리수 점 x에서 불연속이다.

이제 $(0,1)$에 속하는 모든 무리수 점에서 f가 연속임을 보이기 위해 임의의 무리수 $s \in (0,1)$를 잡자. 임의의 $\varepsilon > 0$에 대하여 $N > \frac{1}{\varepsilon}$인 자연수 N이 존재한다. 그런데 f의 함수값이 $\frac{1}{2}$, $\frac{1}{3}$, $\frac{1}{4}$, $\frac{1}{5}$, $\ldots$ 인 점들을 살펴보면

$$\begin{aligned}
f^{-1}(1/2) &= \{1/2\}, \\
f^{-1}(1/3) &= \{1/3,\ 2/3\}, \\
f^{-1}(1/4) &= \{1/4,\ 3/4\}, \\
f^{-1}(1/5) &= \{1/5,\ 2/5,\ 3/5,\ 4/5\}
\end{aligned}$$

$$\cdots\cdots\cdots\cdots\cdots\cdots\cdots\cdots\cdots$$

등에서 보는 바와 같이

$$f^{-1}(1/n)$$

의 원소의 개수는 $n-1$개를 넘지 못한다. $(n = 2, 3, 4, \ldots)$ 따라서

$$A = f^{-1}(1/2) \cup f^{-1}(1/3) \cup f^{-1}(1/4) \cup \cdots \cup f^{-1}\big(1/(N-1)\big)$$

이라고 하면 A의 원소의 개수는 기껏해야

$$1 + 2 + 3 + \cdots + (N-2) = \frac{(N-2)(N-1)}{2}$$

을 넘지 않으므로 유한개이다. 따라서

$$\delta = \min\{|u - s| : u \in A\}$$

라고 하면 $\delta > 0$이고, $|t-s| < \delta$인 임의의 $t \in (0,1)$에 대하여

$$|f(t) - f(s)| = |f(t)| \le \frac{1}{N} < \varepsilon \tag{3.4.1}$$

이다. 따라서 f는 s에서 연속이다.

결론적으로 f는 $(0,1)$에 속하는 무리수 점에서만 연속이다.

보충설명: 식 (3.4.1)에서 $f(t)$ 값은 t가 무리수일 때는 0이며, t가 유리수일 때는 $t = \frac{q}{p}$ (p, q는 서로소인 자연수) 형태로 표현되며 $p \ge N$이다. (왜냐하면 $|t-s| < \delta$이므로 $t \notin A$이다.) 따라서

$$f(t) = \frac{1}{p} \le \frac{1}{N}$$

이다.

필수예제 3.4.6. 함수 $f : \mathbb{R} \to \mathbb{R}$가 점 a에서 연속이고 $f(a) > 0$이라고 하면 적당한 $\delta > 0$가 존재하여 $x \in (x-\delta, x+\delta)$인 모든 x에 대하여 $f(x) > 0$임을 보여라.

풀이: $f(a) = \alpha > 0$이라고 하면, $\varepsilon = \frac{\alpha}{2} > 0$일 때, $\delta > 0$가 존재하여 다음을 만족한다:

$$|x-a| < \delta \Rightarrow |f(x) - f(a)| < \varepsilon = \frac{\alpha}{2}.$$

따라서 $x \in (x-\delta, x+\delta)$일 때,

$$f(x) > f(a) - \frac{\alpha}{2} = \alpha - \frac{\alpha}{2} = \frac{\alpha}{2} > 0$$

이다.

필수예제 3.4.7. 차수가 1차 이상인 임의의 다항함수 $f : \mathbb{R} \to \mathbb{R}$는 유계가 아님을 보여라.

풀이: $f(x)$는 다음과 같이 나타낼 수 있다:

$$f(x) = a_n x^n + a_{n-1} x^{n-1} + \cdots + a_1 x + a_0,$$

여기서 $n \geq 1$이며 $a_1, a_2, \ldots, a_n$은 모두 실수이고 $a_n \neq 0$이다.

이제 $x \neq 0$일 때 $f(x)$를 다음과 같이 나타낼 수 있다.

$$f(x) = x^n \left(a_n + \frac{a_{n-1}}{x} + \frac{a_{n-2}}{x^2} + \cdots + \frac{a_0}{x^n} \right).$$

그런데

$$\lim_{x \to \infty} \left(a_n + \frac{a_{n-1}}{x} + \frac{a_{n-2}}{x^2} + \cdots + \frac{a_0}{x^n} \right) = a_n$$

이다. 따라서 $a_n > 0$이면

$$\lim_{x \to \infty} f(x) = \infty \cdot a_n = \infty$$

이므로 f는 유계가 아니다.

또한 $a_n < 0$이면

$$\lim_{x \to \infty} f(x) = \infty \cdot a_n = -\infty$$

이므로 역시 f는 유계가 아니다.

제 4 장

거리공간 및 거리공간에서의 위상

4.1 정의, 정리 및 기본성질

정의 4.1.1. 집합 X에 대하여 함수 $d: X \times X \to [0, \infty)$가 다음 세 가지 조건을 만족하면 d를 **거리**(metric)라고 하고 (X, d)를 **거리공간**(metric space)이라 부른다:

(i) $d(x, y) = 0 \iff x = y \quad (x, y \in X)$

(ii) $d(x, y) = d(y, x) \quad (x, y \in X)$

(iii) $d(x, z) \le d(x, y) + d(y, z) \quad (x, y, z \in X)$

참고: 정의 4.1.1(iii)을 보통 **삼각부등식**(triangle inequality)이라고 부른다. 또한 거리공간 (X, d)에서 d가 무엇인지 분명한 경우에는 (X, d) 대신 X만으로 거리공간을 나타내기도 한다.

예 4.1.2. 자연수 n에 대하여

$$\mathbb{R}^n = \{(x_1, x_2, \ldots, x_n) : x_k \in \mathbb{R} \ (k = 1, 2, \ldots, n)\}$$

을 n**차원 Euclid 공간**(n-dimensional Euclidean space)이라 부른다. $\mathbb{R}^n$의 임의의 두 점 $x = (x_1, x_2, \ldots, x_n)$, $y = (y_1, y_2, \ldots, y_n)$에 대하여

$$d(x,y) = \left\{\sum_{k=1}^{n}(x_k - y_k)^2\right\}^{\frac{1}{2}} = \sqrt{(x_1-y_1)^2 + (x_2-y_2)^2 + \cdots + (x_n-y_n)^2}$$

으로 정의하면 $(\mathbb{R}^n, d)$는 거리공간이 된다. 이 경우의 d를 **통상적 거리**(Euclidean metric)라 부른다. 또한 특별한 언급이 없는 경우 $\mathbb{R}^n$에는 통상적 거리가 주어진 것으로 본다.

예를 들어 $n = 1$인 경우 $x, y \in \mathbb{R}$에 대하여 $d(x,y) = |x-y|$가 된다. $n = 2$인 경우 $x = (x_1, x_2)$, $y = (y_1, y_2) \in \mathbb{R}^2$에 대하여 $d(x,y) = \sqrt{(x_1-y_1)^2 + (x_2-y_2)^2}$이다.

또한 $x = (x_1, x_2, \ldots, x_n) \in \mathbb{R}^n$에 대하여

$$||x|| = \left(\sum_{k=1}^{n} x_k^2\right)^{\frac{1}{2}}$$

를 x의 **크기**(norm)라 부른다.

이 경우 $\mathbb{R}^n$에 속하는 임의의 점 x, y, z에 대하여 다음과 같은 삼각부등식이 성립한다.

$$||x+y|| \le ||x|| + ||y||$$

또한, 이를 변형하면 다음과 같이 변형된 삼각부등식을 얻는다:

$$||x-z|| \le ||x-y|| + ||y-z||$$

또는

$$\big|||x|| - ||y||\big| \le ||x-y||.$$

예 4.1.3. 임의의 집합 X에 대하여, 다음과 같이 $d : X \times X \to [0, \infty)$를 정의하자.

$$d(x,y) = \begin{cases} 0 & (x = y\text{일 때}) \\ 1 & (x \ne y\text{일 때}) \end{cases}$$

그러면 (X, d)는 거리공간이 되며, 이 경우의 거리 d를 **이산거리**(discrete metric), (X, d)를 **이산거리공간**(discrete metric space)이라고 부른다.

정의 4.1.4. 거리공간 (X, d)의 한 점 a와 실수 $r > 0$에 대하여

$$B_r(a) = \{x \in X : d(x, a) < r\}$$

를 중심이 a이고 반지름이 r인 **열린 공**(open ball) 혹은 **개구**(開球)라고 부른다.

예 4.1.5. $\mathbb{R}$에서는 $B_r(a) = (a - r, a + r)$이므로 열린 구간이 되고, $\mathbb{R}^2$에서는 $B_r(a)$는 열린 원판, 즉 경계를 제외한 원판이 된다. 또한 $\mathbb{R}^3$에서 $B_r(a)$는 글자 그대로 (껍질이 없는) 공의 내부가 된다.

정의 4.1.6. 거리공간 X의 부분집합 A가 다음을 만족하면 **열린 집합**(open set) 혹은 **개집합**(開集合)이라 부른다:

임의의 $x \in A$에 대하여 $\varepsilon > 0$이 존재하여 $B_\varepsilon(x) \subset A$이다.

또한, X의 부분집합 B에 대하여, B^c가 열린 집합일 때 B를 **닫힌 집합**(closed set) 혹은 **폐집합**(閉集合)이라 부른다.

예 4.1.7. $\mathbb{R}$에서 $A = (0, 1) \cup (2, \infty)$는 열린 집합이다.

정리 4.1.8. 거리공간 X의 임의의 점 a와 실수 $r > 0$에 대하여 열린 공 $B_r(a)$은 열린 집합이다.

정리 4.1.9. 거리공간 X의 부분집합 A가 열린 집합일 필요충분조건은 A^c가 닫힌 집합인 것이다.

정리 4.1.10. 거리공간 X의 부분집합 A가 닫힌 집합일 필요충분조건은 A^c가 열린 집합인 것이다.

정리 4.1.11. 거리공간 X의 열린 집합 $A_1, A_2, \ldots, A_n$들의 유한 교집합, 즉

$$\bigcap_{k=1}^{n} A_k = A_1 \cap A_2 \cap \cdots \cap A_n$$

은 열린 집합이다.

또한, 거리공간 X의 열린 집합 $A_\alpha\,(\alpha \in \Lambda)$들의 임의의 합집합, 즉

$$\bigcup_{\alpha \in \Lambda} A_\alpha$$

는 열린 집합이다.

주의: 거리공간 X의 닫힌 집합들의 임의의 합집합은 닫힌 집합이 아닐 수 있다. 예를 들어 $\mathbb{R}$에서 각각의 자연수 $n \geq 2$에 대하여 닫힌 구간 $[0, 1 - \frac{1}{n}]$은 닫힌 집합이지만

$$\bigcup_{n=2}^{\infty} \left[0, 1 - \frac{1}{n}\right] = [0, 1)$$

은 닫힌 집합이 아니다.

정리 4.1.12. 거리공간 X의 닫힌 집합 $A_1, A_2, \ldots, A_n$들의 유한 합집합, 즉

$$\bigcup_{k=1}^{n} A_k = A_1 \cup A_2 \cup \cdots \cup A_n$$

은 닫힌 집합이다.

또한, 거리공간 X의 닫힌 집합 $A_\alpha\,(\alpha \in \Lambda)$들의 임의의 교집합, 즉

$$\bigcap_{\alpha \in \Lambda} A_\alpha$$

는 닫힌 집합이다.

주의: 거리공간 X의 열린 집합들의 임의의 교집합은 열린 집합이 아닐 수 있다. 예를 들어 $\mathbb{R}$에서 각각의 자연수 $n \geq 1$에 대하여 열린 구간 $(-\frac{1}{n}, \frac{1}{n})$은 열린 집합이지만

$$\bigcap_{n=1}^{\infty}\left(-\frac{1}{n}, \frac{1}{n}\right) = \{0\}$$

은 열린 집합이 아니다.

정리 4.1.13. 거리공간 X의 열린 집합 A와 닫힌 집합 B에 대하여 $A - B$는 열린 집합이며 $B - A$는 닫힌 집합이다.

정의 4.1.14. 거리공간 X에 속하는 가산 개의 점에 번호를 붙여 나열한 것을 **점렬**(sequence of points)이라 부른다. 즉, 점렬은 $\mathbb{N}$에서 X로의 함수이며, 보통 $\{x_n\}_{n=1}^{\infty}$ 혹은 $\{x_n\}$으로 나타낸다.

참고: 거리공간에서의 점렬은 실수에서의 수열을 일반화시킨 것이다.

정의 4.1.15. 거리공간 (X, d)에 속하는 점렬 $\{a_n\}$에 대하여 점 $a \in X$가 존재하여 다음을 만족할 때 점렬 $\{a_n\}$은 a로 **수렴**(converge)한다고 하고 a를 a_n의 **극한**(limit)이라고 한다:

임의의 $\varepsilon > 0$에 대하여 적당한 자연수 N이 존재하여,

$$n \geq N\text{이면 } d(a_n, a) < \varepsilon\text{이다.}$$

이 경우 $\lim_{n\to\infty} a_n = a$ 혹은 $a_n \to a$ $(n \to \infty$일 때)라고 쓴다:

또한 점렬이 수렴하지 않을 때 **발산**(diverge)한다고 한다.

정리 4.1.16. 거리공간의 점렬의 극한이 존재한다면 그 극한은 유일하다.

정리 4.1.17. 거리공간 X의 점렬이 $a \in X$로 수렴하면 그 점렬의 임의의 부분점렬도 a로 수렴한다.

정리 4.1.18. 거리공간 (X, d)의 점렬 $\{x_n\}$이 다음을 만족하면 **Cauchy 점렬**(Cauchy sequence of points) 혹은 **Cauchy 열**이라 부른다:

임의의 $\varepsilon > 0$에 대하여 $N \in \mathbb{N}$이 존재하여

$$m, n \geq N \;\Rightarrow\; d(x_m, x_n) < \varepsilon.$$

정리 4.1.19. 거리공간의 수렴하는 점렬은 Cauchy 점렬이다.

주의: 위 정리의 역은 참이 아니다. 예를 들어 $X = (0, 1]$이라 하고 d를 통상적인 거리라고 하면 거리공간 (X, d)의 수열 $\{\frac{1}{n}\}$은 Cauchy 점렬이 되지만 X에서 수렴하지는 않는다.

정의 4.1.20. 거리공간 X의 모든 Cauchy 점렬이 수렴하면 X를 **완비거리공간**(complete metric space)이라 부른다. 혹은 간단히 X는 **완비**(complete)라고 한다.

또한 거리공간 X의 부분집합 A에 대하여, A에 속하는 모든 Cauchy 점렬이 A에서 수렴하면, 즉 점렬이 수렴하고 그 극한이 A에 속하면 집합 A를 **완비집합**(complete set)이라 부른다.

정리 4.1.21. 거리공간 $\mathbb{R}^n$은 완비이다.

정리 4.1.22. 거리공간 $\mathbb{R}^n$의 유계인 닫힌 집합은 완비집합이다.

참고: 뒤에 나오는 컴팩트의 개념을 이용하면 위 정리는 다음과 같이 다시 쓸 수 있다. (정리 5.1.22 참조) :

거리공간 $\mathbb{R}^n$의 컴팩트 부분집합은 완비집합이다.

정의 4.1.23. A가 거리공간 X의 부분집합이라 할 때, 점렬 $\{x_n\} \subset A$이 존재하여

$$\lim_{n \to \infty} x_n = x$$

라 하면 $x \in X$를 A의 **극한점**(limit point)이라 부른다.

주의: 극한점의 정의에서 점렬 $\{x_n\}$은 A에 속해야 하지만 극한점 x는 A에 속할 수도 있고, 속하지 않을 수도 있다.

다음의 정의는 실수에서의 집적점을 거리공간에서의 집적점으로 일반화시킨 것이다.

정의 4.1.24. A가 거리공간 (X, d)의 부분집합이라 할 때, $a \in X$가 다음을 만족하면 a를 A의 **집적점**(accumulation point)이라 부른다:
임의의 $\varepsilon > 0$에 대하여 $x \in A$가 존재하여 $0 < d(x, a) < \varepsilon$이다.

참고: 위 정의에서 점 a가 집합 A의 집적점이 될 조건을 다시 쓰면 다음과 같다:
임의의 $\varepsilon > 0$에 대하여

$$A \cap (B_\varepsilon(a) - \{a\}) \neq \phi$$

예 4.1.25. 만일 a가 $A \in \mathbb{R}^n$의 집적점이라고 하면 a를 중심으로 하는 임의의 열린 공은 무수히 많은 A의 원소를 포함한다.

정의 4.1.26. A가 거리공간 (X,d)의 부분집합일 때, A의 집적점 전체의 집합을 A의 **유도집합**(derived set)이라고 정의하고 A'으로 나타낸다.

정의 4.1.27. A가 거리공간 (X,d)의 부분집합이고 $a \in A$가 A의 집적점이 아닐 때, a를 A의 **고립점**(isolated point)이라 부른다.

정리 4.1.28. A가 거리공간 (X,d)의 부분집합이라 할 때, $a \in A$가 A의 고립점일 필요충분조건은 다음과 같다:
적당한 $\varepsilon > 0$에 대하여 $B_\varepsilon(x) = \{x\}$이다.

정리 4.1.29. A가 거리공간 (X,d)의 부분집합이고 $a \in X$라 할 때, a가 A의 극한점일 필요충분조건은 a가 A의 집적점이거나 고립점인 것이다.

정의 4.1.30. 거리공간 X의 부분집합 A의 극한점 전체의 집합을 A의 **닫힘**(closure) 혹은 **폐포**(閉苞)라고 하고 $\overline{A}$로 나타낸다.

예 4.1.31. 집합 $A = \{(x,y) : x^2 + y^2 < 1\} \cup \{(x,y) : x^2 + y^2 = 1,\ y \geq 0\}$에 대하여

$$\overline{A} = \{(x,y) : x^2 + y^2 \leq 1\}$$

이다. (그림 4.1.1 참조)

성질 4.1.32. 거리공간 X의 부분집합 A에 대하여 $x \in \overline{A}$일 필요충분조건은 다음과 같다: 임의의 $\varepsilon > 0$에 대하여 $B_\varepsilon(x) \cap A \neq \phi$이다.

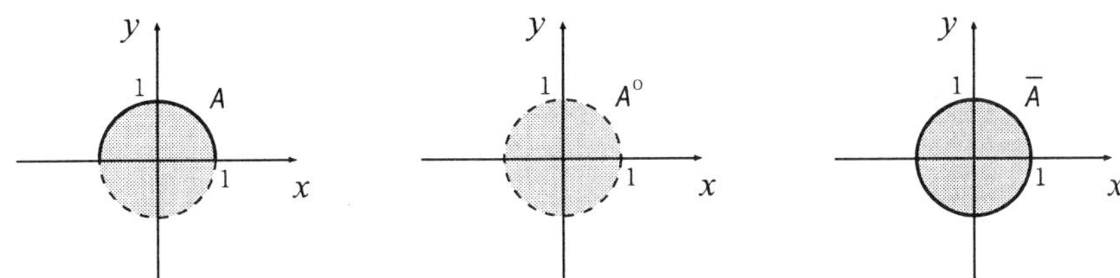

그림 4.1.1: 집합 $A = \{(x,y) : x^2 + y^2 < 1\} \cup \{(x,y) : x^2 + y^2 = 1,\ y \geq 0\}$와 A의 내부(A°) 및 닫힘($\overline{A}$)을 나타내는 그림

정리 4.1.33. 거리공간 X의 부분집합 A에 대하여 다음은 모두 동치이다:

1. A는 X의 닫힌 부분집합이다.
2. A는 A의 집적점을 모두 포함한다.
3. A는 A의 극한점을 모두 포함한다.
4. $\overline{A} = A$이다.

정리 4.1.34. 거리공간 X의 부분집합 X와 ϕ은 모두 동시에 닫힌 집합이며 동시에 열린 집합이다.

정리 4.1.35. 거리공간 X의 유한 부분집합 $A = \{x_1, x_2, \ldots, x_n\}$는 닫힌 집합이다.

정의 4.1.36. 거리공간 X의 부분집합 A에 대하여 다음을 만족하는 점을 A의 **내점**(interior point)이라 부른다: 적당한 $\varepsilon > 0$에 대하여 $B_\varepsilon(x) \subset A$이다.

정의 4.1.37. 거리공간 X의 부분집합 A에 대하여 A의 내점 전체의 집합을 A의 **내부**(interior)라고 하고 A°로 나타낸다.

예 4.1.38. 집합 $A = \{(x,y) : x^2+y^2<1\} \cup \{(x,y) : x^2+y^2=1,\ y \geq 0\}$에 대하여

$$A^\circ = \{(x,y) : x^2+y^2<1\}$$

이다. (그림 4.1.1 참조)

정의 4.1.39. 거리공간 X의 부분집합 A가 열린 집합일 필요충분조건은

$$A^\circ = A$$

인 것이다.

성질 4.1.40. 거리공간 X의 부분집합 A에 대하여 다음이 성립한다:

(i) $A^\circ \subset A \subset \overline{A}$

(ii) A°은 A에 포함되는 가장 큰 열린 집합이다.

(iii) $\overline{A}$는 A를 포함하는 가장 작은 닫힌 집합이다.

(iv) $\overline{A} = A \cup A'$

(v) A가 닫힌 집합일 필요충분조건은 $A' \subset A$인 것이다.

(vi) $(\overline{A})^c = (A^c)^\circ$

성질 4.1.41. 거리공간 X에 대하여 $A \subset B \subset X$이면 다음이 성립한다:

$$A^\circ \subset B^\circ, \quad \overline{A} \subset \overline{B}.$$

성질 4.1.42. 거리공간 X의 부분집합 A, B에 대하여 다음이 성립한다:

(i) $(A \cap B)^\circ = A^\circ \cap B^\circ, \quad A^\circ \cup B^\circ \subset (A \cup B)^\circ$

(ii) $\overline{(A \cup B)} = \overline{A} \cup \overline{B}, \quad \overline{(A \cap B)} \subset \overline{A} \cap \overline{B}$

예 4.1.43. 뒤에 나오는 예제 4.3.11 및 예제 4.3.12를 보면

$$A^\circ \cup B^\circ \neq (A \cup B)^\circ, \quad \overline{(A \cap B)} \neq \overline{A} \cap \overline{B}$$

인 예를 쉽게 찾을 수 있다.

정의 4.1.44. 거리공간 X의 부분집합 A에 대하여 X의 모든 점이 A의 극한점이 될 때 A는 X에서 **조밀**(dense)하다고 한다. 즉 A가 X에서 조밀할 동치조건은 $\overline{A} = X$이다.

예 4.1.45. $\mathbb{Q}$는 $\mathbb{R}$에서 조밀하다.

정의 4.1.46. 거리공간 X의 부분집합 A에 대하여

$$\partial A = \overline{A} \cap \overline{A^c}$$

를 A의 **경계**(boundary)라고 한다.

예 4.1.47. $A = [0, 1) \subset \mathbb{R}$이라 하면 $\partial A = \{0\} \cup \{1\}$이다.

정리 4.1.48. 거리공간 X의 부분집합 A에 대하여 다음이 성립한다:

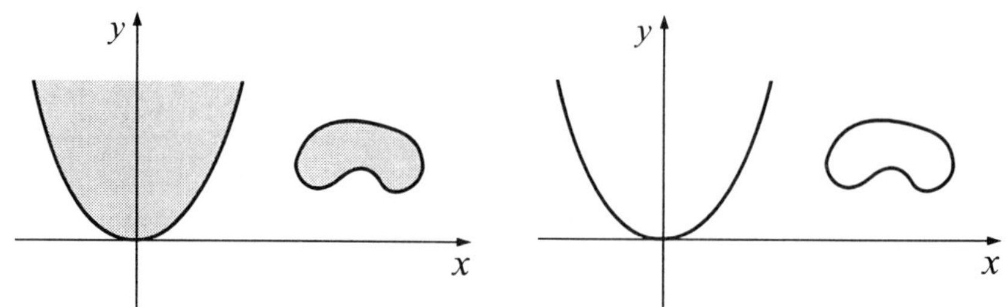

그림 4.1.2: $\mathbb{R}^2$의 한 부분집합과 그 집합의 경계를 나타내는 그림.

(i) ∂A는 닫힌 집합이다.

(ii) $A \cup \partial A = \overline{A}$

(iii) $A - \partial A = A^\circ$

4.2 O, X 문제

다음 명제들에 대하여 참인 것에는 O, 거짓인 것에는 X로 표시하라.
(특별한 언급이 없는 한 통상적인 거리가 주어진 것으로 본다.)

1. 거리공간 (X, d)의 임의의 점 a와 실수 $r > 0$에 대하여 열린 공 $B_r(a)$는 열린 집합이다. ( )

2. 거리공간의 임의의 닫힌 집합들의 합집합은 닫힌 집합이다. ( )

3. 거리공간의 두 닫힌 집합 A와 B의 교집합은 닫힌 집합이다. ( )

4. 거리공간의 임의의 Cauchy 점렬은 수렴한다. ( )

5. 이산거리공간의 한 점으로 이루어진 집합 $\{a\}$는 열린 집합이다. ( )

6. $A = [0, 1) \subset \mathbb{R}$이면 $\overline{A} = [0, 1]$이다. ( )

7. 이산거리공간의 모든 점은 고립점이다. ( )

8. 유리수 전체의 집합 $\mathbb{Q}$의 내부는 $\mathbb{Q}$이다. ( )

9. 집합 $A = \big\{(x, y) \in \mathbb{R}^2 : x > 0,\ y > 0\big\}$에 대하여 A의 경계는 공집합이다. ( )

10. 거리공간의 부분집합 A가 닫힌 집합이면 A의 극한점들 전체의 집합은 A이다. ( )

11. 거리공간의 두 부분집합 A, B에 대하여 $\overline{(A \cap B)} = \overline{A} \cap \overline{B}$이다. ( )

12. 무리수 전체의 집합은 $\mathbb{R}$에서 조밀하다. ( )

O, X 문제 정답 및 해설

정답:

문제	1	2	3	4	5	6	7	8	9	10	11	12
정답	O	X	O	X	O	O	O	X	X	O	X	O

해설:

1. 정답: O

   임의의 $x \in B_r(a)$에 대하여 $\alpha = d(x, a)$라고 하면 $0 < \alpha < r$이며 $\beta = \alpha - r$이라 할 때 $\alpha + \beta = r$이다. 이제

   $$B_{\frac{\beta}{2}}(x) \subset B_r(a)$$

   임을 보이면, 열린 집합의 정의에 의하여 $B_r(a)$는 열린 집합이 된다. 그런데 $y \in B_{\frac{\beta}{2}}(x)$라고 하면

   $$d(y, a) \leq d(y, x) + d(x, a) < \frac{\beta}{2} + \alpha < \alpha + \beta = r$$

   이므로 $y \in B_r(a)$이다. (정리 4.1.8 참조)

2. 정답: X

   정리 4.1.11, 정리 4.1.12 및 그 아래에 나와 있는 주의들을 참조하라.

3. 정답: O

   정리 4.1.12 참조

4. 정답: X

   통상적인 거리가 주어진 거리공간 $X = (0, 1) = \{x : 0 < x < 1\}$에서 점렬

   $$a_n = \frac{1}{n} \quad (n = 2, 3, 4, \dots)$$

은 Cauchy 점렬이지만 극한이 되는 점 0이 X에 속하지 않으므로 발산한다.

5. 정답: O

이산거리공간에서는 모든 집합이 열린 집합이며 동시에 닫힌 집합이다.

6. 정답: O

$\overline{A}$는 A를 포함하는 최소의 닫힌 집합이므로 이 문제의 경우 $\overline{A} = [0, 1]$이다. 또 다른 방법으로 생각해보면 $\overline{A}$는 A의 극한점들의 모임인데, $A = [0, 1)$에 속하지 않는 유일한 극한점은 1이므로 $\overline{A} = A \cup \{1\} = [0, 1]$이다.

7. 정답: O

이산거리공간 (X, d)를 생각하면, 임의의 $x \in X$에 대하여 $d(x, x) = 0$이지만 $x \neq y$인 $y \in X$에 대하여는 $d(x, y) = 1$이므로

$$B_{\frac{1}{2}}(x) = \{x\}$$

이다. 따라서 x는 고립점이 된다.

8. 정답: X

통상적인 거리가 주어진 거리공간 $\mathbb{R}$의 부분집합 $\mathbb{Q}$의 원소는 모두 내점이 아니다. 왜냐하면 $x \in \mathbb{Q}$라고 할 때 임의의 $\varepsilon > 0$을 잡더라도

$$B_\varepsilon(x) = (x - \varepsilon, x + \varepsilon)$$

에는 무리수가 포함되기 때문에

$$B_\varepsilon(x) \not\subset \mathbb{Q}$$

이다. 따라서 $\mathbb{Q}$의 내부는 공집합이다.

9. 정답: X

집합 A의 경계는 $\partial A = \overline{A} \cap \overline{A^c}$로 정의된다. 이 문제의 경우 A는 $\mathbb{R}^2$에서 1사분면에 해당되는 부분이므로

$$\overline{A} = 1\text{사분면} \cup \{y\text{축의 } y \geq 0\text{인 부분}\} \cup \{x\text{축의 } x \geq 0\text{인 부분}\}$$

이며

$$\overline{A^c} = 2,3,4\text{사분면} \cup \{y\text{축의 } y \geq 0\text{인 부분}\} \cup \{x\text{축의 } x \geq 0\text{인 부분}\}$$

이다. 따라서

$$\partial A = \overline{A} \cap \overline{A^c} = \{y\text{축의 } y \geq 0\text{인 부분}\} \cup \{x\text{축의 } x \geq 0\text{인 부분}\}$$

이다. 즉 경계는 다음과 같다.

$$\partial A = \left\{(x,y) \in \mathbb{R}^2 : x = 0,\ y \geq 0\right\} \cup \left\{(x,y) \in \mathbb{R}^2 : y = 0,\ x \geq 0\right\}$$

10. 정답: O

A가 닫힌 집합이면 $A = \overline{A}$이고 $\overline{A}$는 A의 극한점 전체의 집합이므로 이 문제의 경우 A의 극한점들 전체의 집합은 A이다.

11. 정답: X

예제 4.3.12 참조.

12. 정답: O

무리수 전체의 집합을 D라 하자. 임의의 실수 x에 대하여 x로 수렴하는 무리수열이 존재하므로 x는 D의 극한점이 된다. (즉 $\overline{D} = \mathbb{R}$이다.) 결국 D는 $\mathbb{R}$에서 조밀하다.

4.3 기본예제

기본예제 4.3.1. $\mathbb{R}$에 통상적인 거리 d가 주어진 경우 $(\mathbb{R}, d)$가 거리공간이 됨을 보여라.

풀이: $\mathbb{R}$의 통상적인 거리는 다음과 같이 정의된다.

$$d(x, y) = |x - y| \quad (x, y \in \mathbb{R})$$

따라서 $d : \mathbb{R} \times \mathbb{R} \to [0, \infty)$이다. 또한 임의의 실수 x, y, z에 대하여

$$d(x, y) = 0 \iff |x - y| = 0 \iff x = y$$

이며

$$d(x, y) = |x - y| = |y - x| = d(y, x)$$

이고

$$d(x, z) = |x - z| \leq |x - y| + |y - z| = d(x, y) + d(y, z)$$

이다. 따라서 $(\mathbb{R}, d)$는 거리공간이다.

기본예제 4.3.2. $\mathbb{R}$에 이산거리 d가 주어진 경우 $(\mathbb{R}, d)$가 거리공간이 됨을 보여라.

풀이: $\mathbb{R}$의 이산거리 $d : \mathbb{R} \times \mathbb{R} \to [0, \infty)$는 다음과 같이 주어진다.

$$d(x, y) = \begin{cases} 0 & (x = y\text{일 때}) \\ 1 & (x \neq y\text{일 때}) \end{cases}$$

따라서 임의의 실수 x, y에 대하여

$$d(x, y) = 0 \iff x = y$$

인 것은 이산거리의 정의에 의하여 당연히 성립한다. 또한, 만일 $x = y$라면

$$d(x, y) = 0 = d(y, x)$$

이고 만일 $x \neq y$라면

$$d(x, y) = 1 = d(y, x)$$

이다. 결국 어느 경우이건 다음이 성립한다.

$$d(x, y) = d(y, x)$$

마지막으로 임의의 실수 x, y, z에 대하여

$$d(x, z) \leq d(x, y) + d(y, z) \tag{4.3.1}$$

이 성립한다. 왜냐하면 이 식의 좌변은 0이거나 1이고, 좌변이 0일 때 우변은 항상 0보다 크거나 같으므로 이 부등식이 당연히 성립한다. 좌변이 1일 때는 $x \neq z$이므로 우변의 식에서 $x = y = z$가 성립할 수는 없다. 즉 $x \neq y$이거나 $y \neq z$이다. 결국 $d(x, y) + d(y, z) \geq 1$이 성립하므로 역시 식 (4.3.1)이 성립한다. 따라서 $(\mathbb{R}, d)$은 거리공간이다.

기본예제 4.3.3. 이산거리공간 (X, d)의 임의의 부분집합은 열린 집합임을 보여라.

풀이: $A \subset X$라고 하자. 임의의 $x \in A$에 대하여

$$B_{\frac{1}{2}}(x) = \{x\} \subset A$$

이므로 A는 열린 집합이다.

참고: 따라서 이산거리공간 (X, d)의 임의의 부분집합은 닫힌 집합도 된다.

기본예제 4.3.4. $\mathbb{R}$의 부분집합 $(0, 1)$은 닫힌 집합이 아님을 보여라.

풀이: 수열

$$a_n = \frac{1}{n+1} \ (n = 1, 2, 3, \dots)$$

을 생각하면 $\{a_n\} \subset (0, 1)$이며

$$\lim_{n \to \infty} a_n = 0$$

이므로 0은 집합 $(0,1)$의 극한점이다. 그런데

$$0 \notin (0,1)$$

이므로 $(0,1)$은 닫힌 집합이 아니다.

참고: 위 문제의 경우 $(0,1)^c = (-\infty, 0] \cup [1, \infty)$가 열린 집합이 아님을 보여도 된다.

주의: 어떤 집합이 열린 집합이라고 해서 닫힌 집합이 아닌 것은 아니다. 실수의 부분집합 중 ϕ이나 $\mathbb{R}$은 모두 닫힌 집합도 되고 열린 집합도 된다.

기본예제 4.3.5. $A = \{(x, y) : x + y = 1\}$는 $\mathbb{R}^2$에서 닫힌 집합이지만 열린 집합은 아님을 보여라.

풀이: A는 $\mathbb{R}^2$의 한 직선이다. 따라서 $x \in A^c$라 할 때, α를 x와 직선 A 사이의 거리라고 하면 $\alpha > 0$이다. 이 경우 $B_{\frac{\alpha}{2}}(x)$는 A와 만나지 않는다. 즉

$$B_{\frac{\alpha}{2}}(x) \in A^c$$

이다. 결국 A^c는 열린 집합이다. 따라서 A는 닫힌 집합이다.

이제 A가 $\mathbb{R}^2$에서 열린 집합이 아님을 보이자. $x_0 = (1,0) \in A$일 때, 임의의 $\varepsilon > 0$에 대하여

$$B_\varepsilon(x_0) \not\subset A$$

이다. 따라서 A는 열린 집합이 아니다.

기본예제 4.3.6. $A = \{(x, y) : (x, y) \neq (0,0)\}$는 $\mathbb{R}^2$에서 열린 집합이지만 닫힌 집합은 아님을 보여라.

풀이: A는 좌표평면에서 원점만을 제외한 집합이다. 따라서 $x \in A$라 할 때, α를 x와 $(0,0)$ 사이의 거리라고 하면 $\alpha > 0$이고

$$B_{\frac{\alpha}{2}}(x) \subset A$$

이다. 그러므로 A는 열린 집합이다.

한편

$$x_n = \left(\frac{1}{n}, 0\right) \quad (n = 1, 2, 3, \dots)$$

이라 하면 점렬 $\{x_n\}$은 A에 속하며

$$\lim_{n\to\infty} x_n = (0, 0)$$

이므로 원점 $(0,0)$은 집합 A의 극한점이다. 그러나 $(0,0) \notin A$이므로 A는 닫힌 집합이 아니다.

기본예제 4.3.7. $A = \{(x, y, z) : z > 0\}$은 $\mathbb{R}^3$에서 열린 집합임을 보여라.

풀이: 집합 A는 $\mathbb{R}^3$에서 xy 평면 위쪽 부분에 해당한다. 따라서 A에 속하는 임의의 점 u에 대하여 α를 u와 xy 평면과의 거리라고 하면 $\alpha > 0$이고

$$B_{\frac{\alpha}{2}}(u) \subset A$$

이다. 그러므로 A는 열린 집합이다.

기본예제 4.3.8. $A = \left\{\frac{1}{\sqrt{n}} : n = 1, 2, 3, \cdots\right\} \subset \mathbb{R}$에 대하여 A°, $\overline{A}$, A'을 각각 구하라.

풀이: A°은 A의 내부를 나타내므로 $A^\circ = \phi$이다. 왜냐하면 임의의 x와 임의의 $\varepsilon > 0$에 대하여

$$B_\varepsilon(x) = (x - \varepsilon, x + \varepsilon) \not\subset A$$

이기 때문에 x는 A의 내점이 아니다.

또한 A'은 A의 집적점들의 모임을 나타내므로 $A' = \{0\}$이다. 왜냐하면 임의의 $\varepsilon > 0$에 대하여 $n > \frac{1}{\varepsilon^2}$, 즉 $\frac{1}{\sqrt{n}} < \varepsilon$인 자연수 n이 존재하므로 다음이 성립한다.

$$0 < \left|\frac{1}{\sqrt{n}} - 0\right| < \varepsilon.$$

그러므로 $0 \in A'$이다. 또한 $x \neq 0$인 경우 x가 A의 집적점이 될 수 없는 것은 자명하다. 왜냐하면 이 경우 충분히 작은 $\varepsilon > 0$을 잡으면, 모든 자연수 n에 대하여

$$\frac{1}{\sqrt{n}} \notin B_\varepsilon(x) - \{x\},$$

즉

$$A \cap (B_\varepsilon(x) - \{x\}) = \phi$$

이기 때문이다.

마지막으로

$$\overline{A} = A \cup A' = A \cup \{0\}$$

이다.

기본예제 4.3.9. $A = [0, 1) \cup \{2\}$에 대하여 A의 극한점, 집적점, 고립점을 각각 구하라.

풀이: 앞 문제와 같은 방법으로 생각하면 답은 다음과 같다:

극한점 전체의 집합: $[0, 1] \cup \{2\}$
집적점 전체의 집합: $[0, 1]$
고립점 전체의 집합: $\{2\}$

기본예제 4.3.10. $A = [0, 1) \cup \{2\}$에 대하여 A의 내부, 닫힘, 경계를 각각 구하라.

풀이: A의 내부는 내점이 되는 점들 전체이다. 따라서 내점의 정의로부터 A의 내부를 구하면 다음과 같다.

$$A^\circ = (0, 1).$$

A의 닫힘은 A의 극한점 전체의 집합이므로 A의 닫힘을 구하면 다음과 같다.

$$\overline{A} = [0, 1] \cup \{2\}.$$

또한 A의 경계는 다음과 같다.

$$\partial A = \overline{A} \cap \overline{A^c} = ([0,1] \cup \{2\}) \cap ((-\infty, 0] \cup [1, \infty)) = \{0\} \cup \{1\} \cup \{2\}.$$

기본예제 4.3.11. 거리공간 $\mathbb{R}$의 부분집합 A, B에 대하여

$$A^\circ \cup B^\circ \neq (A \cup B)^\circ$$

인 예를 들어라.

풀이: $A = [0,1)$, $B = [1,2]$라고 하면

$$A^\circ \cup B^\circ = (0,1) \cup (1,2)$$

이지만

$$(A \cup B)^\circ = [0,2]^\circ = (0,2)$$

이다.

기본예제 4.3.12. 거리공간 $\mathbb{R}$의 부분집합 A, B에 대하여

$$\overline{(A \cap B)} \neq \overline{A} \cap \overline{B}$$

인 예를 들어라.

풀이: $A = [0,1)$, $B = [1,2]$라고 하면

$$\overline{(A \cap B)} = \overline{\phi} = \phi$$

이지만

$$\overline{A} \cap \overline{B} = [0,1] \cap [1,2] = \{1\}$$

이다.

기본예제 4.3.13. 거리공간 (X, d)에서 $X = \{1, 2, 3, 4, 5, 6\}$, d는 이산거리라고 할 때, $B_r(3) = X$이 되는 양의 실수 r의 최대하계를 구하라.

풀이: 이산거리의 정의로부터 $0 < r < 1$일 때

$$B_r(3) = \{x \in X : d(x, 3) < r\} = \{3\}$$

이며, $r \geq 1$일 때

$$B_r(3) = \{x \in X : d(x, 3) < r\} = X$$

이므로 $B_r(3) = X$이 되는 양의 실수 r의 최대하계는

$$\inf\{r \in \mathbb{R} : r \geq 1\} = 1$$

이다.

기본예제 4.3.14. 이산거리공간 (X, d)의 부분집합 A에 대하여 $\partial A = \phi$임을 보여라.

풀이: 이산거리공간의 임의의 부분집합은 닫힌 집합이므로

$$\partial A = \overline{A} \cap \overline{A^c} = A \cap A^c = \phi$$

이다.

기본예제 4.3.15. $A = \left\{\frac{1}{n} : n = 1, 2, 3, \ldots\right\} \subset \mathbb{R}$이라 할 때 A의 경계를 구하라.

풀이:

$$\partial A = \overline{A} \cap \overline{A^c} = (A \cup \{0\}) \cap \mathbb{R} = A \cup \{0\}$$

이다.

4.4 필수예제

필수예제 4.4.1. $\overline{\mathbb{Q}} = \mathbb{R}$임을 보여라.

풀이: $\overline{\mathbb{Q}} \subset \mathbb{R}$인 것은 당연하다. 또한 필수예제 2.4.3에서 임의의 실수 x에 대하여 x로 수렴하는 유리수열이 존재하므로 x는 $\mathbb{Q}$의 극한점이 된다. 따라서 $\mathbb{R} \subset \overline{\mathbb{Q}}$이다. 결국 $\overline{\mathbb{Q}} = \mathbb{R}$이다.

참고: 기본예제 3.3.4를 이용하면 $\mathbb{Q}' = \mathbb{R}$이므로

$$\mathbb{R} = \mathbb{Q}' \subset \mathbb{Q} \cup \mathbb{Q}' = \overline{\mathbb{Q}} \subset \mathbb{R}$$

로부터 $\overline{\mathbb{Q}} = \mathbb{R}$임을 쉽게 알 수 있다.

필수예제 4.4.2. 거리공간 $\mathbb{R}$에서 $\mathbb{Q}$가 닫힌 집합인지 아닌지를 말하고 그 이유를 써라.

풀이: 앞 예제로부터 $\overline{\mathbb{Q}} = \mathbb{R}$이므로 $\overline{\mathbb{Q}} \neq \mathbb{Q}$이다. 따라서 $\mathbb{Q}$는 닫힌 집합이 아니다.

참고: 또한 $\mathbb{Q}$는 $\mathbb{R}$에서 열린 집합도 아니다. $\mathbb{Q}^\circ = \phi \neq \mathbb{Q}$이기 때문이다. 마찬가지로 무리수 전체의 집합도 $\mathbb{R}$에서 닫힌 집합도 아니며 열린 집합도 아니다.

필수예제 4.4.3. (X, d)가 거리공간일 때

$$\overline{d}(x, y) = \frac{d(x, y)}{1 + d(x, y)}$$

로 정의하면 $\overline{d}$도 거리가 됨을 보여라.

풀이: 우선 임의의 $x, y \in X$에 대하여 $\overline{d}(x, y) \geq 0$이므로

$$\overline{d} : X \times X \to [0, \infty)$$

이다. 이제 거리가 되기위한 세 가지 조건을 확인해 보면 된다.

(i) 임의의 $x, y \in X$에 대하여

$$\overline{d}(x,y) = 0 \iff \frac{d(x,y)}{1+d(x,y)} = 0 \iff d(x,y) = 0 \iff x = y.$$

(ii) 임의의 $x, y \in X$에 대하여

$$\overline{d}(x,y) = \frac{d(x,y)}{1+d(x,y)} = \frac{d(y,x)}{1+d(y,x)} = \overline{d}(y,x).$$

(iii) 임의의 $x, y, z \in X$에 대하여 $d(x,z) \le d(x,y) + d(y,z)$이므로 다음 부등식이 성립한다.

$$\begin{aligned} & d(x,z) + d(x,y)d(x,z) + d(y,z)d(x,z) + d(x,y)d(y,z)d(x,z) \\ \le\ & d(x,y) + d(y,z) + d(x,z)d(x,y) + d(x,z)d(y,z) \\ & +2d(x,z)d(x,y)d(y,z) + 2d(x,y)d(y,z). \end{aligned}$$

이제 위 부등식의 양변을 인수분해하면 다음을 얻는다.

$$\begin{aligned} & \big(1 + d(x,y) + d(y,z) + d(x,y)d(y,z)\big)d(x,z) \\ \le\ & \big(1 + d(x,z)\big)\big(d(x,y) + d(y,z) + 2d(x,y)d(y,z)\big). \end{aligned}$$

양변을 다시

$$\big(1 + d(x,y) + d(y,z) + d(x,y)d(y,z)\big)\big(1 + d(x,z)\big)$$

로 나누어 간단히 하면

$$\begin{aligned} \frac{d(x,z)}{1+d(x,z)} &\le \frac{d(x,y) + d(y,z) + 2d(x,y)d(y,z)}{1 + d(x,y) + d(y,z) + d(x,y)d(y,z)} \\ &= \frac{d(x,y)\big(1+d(y,z)\big) + d(y,z)\big(1+d(x,y)\big)}{\big(1+d((x,y)\big)\big(1+d(y,z)\big)} \\ &= \frac{d(x,y)}{1+d(x,y)} + \frac{d(y,z)}{1+d(y,z)} \end{aligned}$$

이므로 결국 다음을 얻는다.

$$\overline{d}(x,z) \le \overline{d}(x,y) + \overline{d}(y,z).$$

따라서 $\overline{d}$는 거리가 된다.

필수예제 4.4.4. $x = (x_1, x_2, \ldots, x_n) \in \mathbb{R}^n$에 대하여

$$\|x\|_p = \left\{ \sum_{i=1}^{n} |x_i|^p \right\}^{\frac{1}{p}} \quad (p = 1, 2, 3, \ldots, n)$$

및

$$\|x\|_\infty = \max\{|x_i| : i = 1, 2, \ldots, n\}$$

으로 정의할 때

$$\lim_{p\to\infty} \|x\|_p = \|x\|_\infty$$

임을 보여라.

풀이: 적당한 첨자 k에 대하여 $\|x\|_\infty = \max\{|x_i| : i = 1, 2, \ldots, n\} = |x_k|$이므로

$$\|x\|_\infty^p = |x_k|^p \le \sum_{i=1}^{n} |x_i|^p \le \sum_{i=1}^{n} |x_k|^p = n|x_k|^p = n\|x\|_\infty^p \quad (p = 1, 2, 3, \ldots)$$

이다. 따라서 이 부등식의 각 변에 $\frac{1}{p}$의 지수를 취하면

$$\|x\|_\infty \le \left(\sum_{i=1}^{n} |x_i|^p \right)^{\frac{1}{p}} \le n^{\frac{1}{p}} \|x\|_\infty \tag{4.4.1}$$

이다. 그런데 $\left(\sum_{i=1}^{n} |x_i|^p \right)^{\frac{1}{p}} = \|x\|_p$이고 $\lim_{p\to\infty} n^{\frac{1}{p}} = 1$이므로 식 (4.4.1)에서 p를 무한대로 보내면

$$\|x\|_\infty \le \lim_{p\to\infty} \|x\|_p \le \|x\|_\infty$$

이다. 따라서 $\lim_{p\to\infty} \|x\|_p = \|x\|_\infty$이다.

필수예제 4.4.5. 이산거리공간 (X, d)의 모든 Cauchy 점렬은 수렴함을 보여라.

풀이: $\{x_n\}$이 이산거리공간 (X, d)의 Cauchy 점렬이라 하자. 그러면 $\varepsilon = \frac{1}{2} > 0$일 때, 적당한 자연수 N이 존재하여

$$m, n \geq N \Rightarrow d(x_m, x_n) < \varepsilon = \frac{1}{2}$$

이다. 그런데 d가 이산거리이므로 $d(x_m, x_n) < \frac{1}{2}$이란 말은 $d(x_m, x_n) = 0$, 즉 $x_m = x_n$을 의미한다. 따라서 다음을 얻는다.

$$m, n \geq N \Rightarrow x_m = x_n$$

결과적으로

$$a_n = a_N \ (n \geq N)$$

이므로 점렬 $\{x_n\}$은 a_N에 수렴한다.

주의: 이산거리공간이 아닌 일반적인 거리공간에서는 Cauchy 점렬이 반드시 수렴한다고 말할 수는 없다.

필수예제 4.4.6. 연속함수 $f : \mathbb{R} \to \mathbb{R}$에 대하여 집합

$$A = \{x \in \mathbb{R} : f(x) = 0\}$$

는 $\mathbb{R}$의 닫힌 집합임을 보여라.

풀이: $x \in \mathbb{R}$가 A의 극한점이라고 하면 극한점의 정의에 의하여 점렬 $\{x_n\}$이 A에 존재하여 $\lim_{n\to\infty} x_n = x$이다.

즉, $f(x_n) = 0 \, (n = 1, 2, 3, \dots)$이고 $\lim_{n\to\infty} x_n = x$이다.

또한 f는 연속함수이므로 다음이 성립한다.

$$f(x) = \lim_{n\to\infty} f(x_n) = \lim_{n\to\infty} 0 = 0.$$

따라서 $x \in A$이다. 결국 A에 대한 임의의 극한점 x가 A에 속하는 것을 보였으므로 A는 닫힌 집합이다.

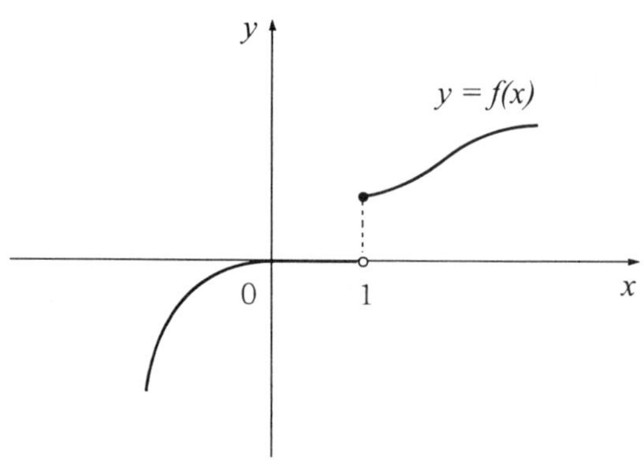

그림 4.4.1: 이 그림에서의 함수 f는 해집합이 $[0,1)$로 나타나므로 닫힌 집합이 아니다. 이 경우 함수 f가 연속이 아님에 주의할 필요가 있다. 만일 함수 f가 연속이라면 이와 같은 일은 일어나지 않는다.

참고: 뒤에 나오는 예제 5.4.4에서는 좀 더 간단한 방법으로 위 문제를 증명할 수 있다.

필수예제 4.4.7. $\mathbb{R}$의 위로 유계인 열린 부분집합 $A(\neq \phi)$를 생각하고 $a \in \mathbb{R}$를 A의 한 상계라고 할 때, $a \notin A$임을 보여라.

풀이: 만일 a가 A의 상계이고 $a \in A$라면, 열린 집합의 정의에 의하여 다음을 만족하는 $\varepsilon > 0$이 존재한다:

$$(a-\varepsilon, a+\varepsilon) \subset A.$$

따라서

$$a + \frac{\varepsilon}{2} \in (a-\varepsilon, a+\varepsilon) \subset A$$

이므로 a보다 큰 A의 원소 $a + \frac{\varepsilon}{2}$이 존재한다. 이것은 a가 A의 상계인 것에 모순이다.

필수예제 4.4.8. $\mathbb{R}$의 진부분집합 $A(\neq \phi)$가 닫힌 집합이라고 하자. $x_0 \in \mathbb{R} - A$에

대하여

$$d = \inf\{|x_0 - x| : x \in A\}$$

라고 하면 $d > 0$임을 보여라.

풀이: $d \geq 0$인 것은 자명하므로 $d \neq 0$임을 보이면 된다. 만일 $d = 0$이라고 하면 정리 2.1.10에 의하여 다음을 만족하는 수열 $\{x_n\} \subset A$을 잡을 수 있다:

$$|x_0 - x_n| < \frac{1}{n} \quad (n = 1, 2, 3, \dots).$$

따라서 $\lim_{n\to\infty} x_n = x_0$이다. 결국 x_0는 A의 극한점이 된다. 그런데 A가 닫힌 집합이므로 $x_0 \in A$이다. 이것은 $x_0 \in \mathbb{R} - A$에 모순이다.

필수예제 4.4.9. $A \subset (0, \infty)$이고 $a \in \overline{A}$라고 할 때 수열 $\{a_n\} \subset A$이 존재하여

$$\lim_{n\to\infty} \sqrt{a_n} = \sqrt{a}$$

임을 보여라.

풀이: $a \in \overline{A} \subset [0, \infty)$이므로 $a \geq 0$이다. 또한 $a \in \overline{A}$이므로 극한점의 정의에 의하여 A에 속하는 수열 $\{a_n\}$이 존재하여 다음을 만족한다.

$$\lim_{n\to\infty} a_n = a.$$

이제 $\lim_{n\to\infty} \sqrt{a_n} = \sqrt{a}$임을 보이면 된다.

우선, $a = 0$일 때, 임의의 $\varepsilon > 0$에 대하여, 자연수 N이 존재하여 다음을 만족한다.

$$n \geq N \implies |a_n - 0| = a_n < \varepsilon^2.$$

따라서

$$n \geq N \Rightarrow |\sqrt{a_n} - \sqrt{a}| = \sqrt{a_n} < \varepsilon$$

이다.

또한 $a > 0$일 때, 임의의 $\varepsilon > 0$에 대하여, 자연수 N이 존재하여 다음을 만족한다.

$$n \geq N \implies |a_n - a| < \varepsilon\sqrt{a}.$$

따라서 $n \geq N$이면

$$|\sqrt{a_n} - \sqrt{a}| = \left|\frac{a_n - a}{\sqrt{a_n} + \sqrt{a}}\right| \leq \frac{|a_n - a|}{\sqrt{a}} < \frac{\varepsilon\sqrt{a}}{\sqrt{a}} = \varepsilon$$

이다.

결국 어느 경우이건 $\lim_{n\to\infty} \sqrt{a_n} = \sqrt{a}$이다.

필수예제 4.4.10. 완비거리공간 (X, d)의 점렬 $\{x_n\}$이 다음을 만족한다고 하자.

$$d(x_{n+2}, x_{n+1}) \leq \frac{1}{2} d(x_{n+1}, x_n) \quad (n = 1, 2, 3, \dots)$$

그러면 $\{x_n\}$은 수렴함을 보여라.

풀이: $\alpha = d(x_2, x_1)$이라고 두자. 그러면 $\alpha \geq 0$이며 문제의 조건으로 부터 다음을 얻는다:

$$\begin{aligned} d(x_3, x_2) &\leq \frac{1}{2} d(x_2, x_1) = \frac{1}{2}\alpha, \\ d(x_4, x_3) &\leq \frac{1}{2} d(x_3, x_2) \leq \frac{1}{2^2}\alpha, \\ d(x_5, x_4) &\leq \frac{1}{2} d(x_4, x_3) \leq \frac{1}{2^3}\alpha, \\ &\cdots\cdots\cdots\cdots\cdots\cdots \end{aligned}$$

따라서 임의의 자연수 n에 대하여 다음을 얻는다:

$$d(x_{n+1}, x_n) \leq \frac{1}{2^{n-1}}\alpha.$$

그러므로 만일 $\alpha = 0$이라면

$$x_1 = x_2 = x_3 = \cdots$$

이므로 점렬 $\{x_n\}$은 수렴한다.

이제 $\alpha > 0$인 경우를 살펴보자. 이 경우 임의의 $\varepsilon > 0$에 대하여 다음을 만족하는 자연수 N이 존재한다:

$$N > 2 + \log_2\left(\frac{\alpha}{\varepsilon}\right).$$

또한 위의 식은 다음과 동치이다:

$$\frac{1}{2^{N-2}}\alpha < \varepsilon.$$

따라서 $m > n \geq N$을 만족하는 자연수 m, n에 대하여

$$\begin{aligned} d(x_n, x_m) &\leq d(x_n, x_{n+1}) + d(x_{n+1}, x_{n+2}) + \cdots + d(x_{m-1}, x_m) \\ &\leq \left(\frac{1}{2^{n-1}} + \frac{1}{2^n} + \cdots + \frac{1}{2^{m-2}}\right)\alpha \\ &\leq \frac{1}{2^{n-1}}\left(1 + \frac{1}{2} + \cdots + \frac{1}{2^{m-n-1}}\right)\alpha \\ &\leq \frac{1}{2^{n-1}} \cdot \frac{1}{1-\frac{1}{2}}\alpha \quad (\Leftarrow \text{무한등비급수}) \\ &\leq \frac{1}{2^{n-2}}\alpha \\ &\leq \frac{1}{2^{N-2}}\alpha \\ &< \varepsilon \end{aligned}$$

이므로 점렬 $\{x_n\}$은 Cauchy 점렬이다. 그런데 (X, d)는 완비거리공간이므로 점렬 $\{x_n\}$은 수렴한다.

참고: 거리공간 (X, d)의 점렬 $\{x_n\}$에 대하여 상수 $0 \leq c < 1$가 존재하여 다음 조건을 만족하면 **축약점렬**(contractive sequence of points)이라 부른다:

$$d(x_{n+2}, x_{n+1}) \leq c\, d(x_{n+1}, x_n) \quad (n = 1, 2, 3, \ldots)$$

위 예제와 같은 방법을 이용하면 임의의 축약점렬은 Cauchy 점렬이 됨을 증명할 수 있다.

특히 거리공간 $\mathbb{R}$은 완비이므로 $\mathbb{R}$에서 주어진 임의의 축약수열은 수렴한다. (거리공간 $\mathbb{R}$의 경우 축약점렬 대신 **축약수열**(contractive sequence)이라는 용어를 사용한다.)

제 5 장

거리공간에서의 연속, 컴팩트, 고른 연속

5.1 정의, 정리 및 기본성질

정의 5.1.1. 거리공간 (X_1, d_1), (X_2, d_2)와 $A \subset X_1$에 대하여 함수 $f : A \to X_2$가 다음 조건을 만족하면 f는 점 $a \in A$에서 **연속**(continuous)이라고 한다:

임의의 $\varepsilon > 0$에 대하여 $\delta > 0$가 존재하여

$$x \in A\text{이고 } d_1(x,a) < \delta \implies d_2\big(f(x), f(a)\big) < \varepsilon$$

이다.

또한 f가 정의역 A에 속하는 모든 점에서 연속일 때, f를 **연속함수**(continuous function)라고 부른다.

참고: 함수 f가 점 a에서 연속이 아닐 때, f는 점 a에서 **불연속**(discontinuous)이라 한다.

정리 5.1.2. 거리공간 (X_1, d_1), (X_2, d_2)와 $A \subset X_1$에 대하여 함수 $f : A \to X_2$가 점 $a \in A$에서 연속일 필요충분조건은 다음과 같다:

$$\lim_{n\to\infty} a_n = a\text{인 임의의 점렬 } \{a_n\} \subset A\text{에 대하여 } \lim_{n\to\infty} f(a_n) = f(a)\text{이다.}$$

정리 5.1.3. (X, d)가 거리공간이고 $A \subset X$일 때, 함수 $f : A \to \mathbb{R}$, $g : A \to \mathbb{R}$가 점 $a \in A$에서 각각 연속이면 이들 함수들의 합, 차, 곱, 몫(분모가 0이 아닐 때), 상수배로 만들어진 함수들도 a에서 각각 연속이다. 즉 함수 $f + g$, $f - g$, $f \cdot g$, $\frac{f}{g}$ $(g(x) \neq 0)$, cf $(c \in \mathbb{R})$는 각각 a에서 연속이다.

정의 5.1.4. 거리공간 (X, d)의 부분집합 Y에 대하여 다음과 같이 정의되는 거리 d_1을 Y의 X에 대한 **상대거리**(relative metric)라고 부른다:

$$d_1(x, y) = d(x, y) \quad (x, y \in Y).$$

이 때 d_1을 Y의 X에 대한 **상대거리함수**라고도 부른다. 또한 거리공간 (Y, d_1)을 원래의 거리공간 (X, d)에 대한 **상대거리공간**이라고 부른다. 이 경우 $a \in Y$와 $r > 0$에 대하여

$$B_r^Y(a) = \{x \in Y : d_1(x, a) < r\}$$

를 **상대거리공간에서의 열린 공**이라 부르며 다음이 성립한다:

$$B_r^Y(a) = B_r(a) \cap Y.$$

상대거리공간에서의 열린 집합과 닫힌 집합도 유사하게 정의된다. 즉 $A \subset Y$가 Y에서 열린 집합이라는 것은, 임의의 $a \in A$에 대하여 Y에서의 적당한 열린 공 $B_r^Y(a)$가 존재하여

$$B_r^Y(a) \subset A$$

인 것이다. $A \subset Y$가 Y에서 닫힌 집합이라는 것은, $Y - A$가 Y에서 열린 집합일 때이다.

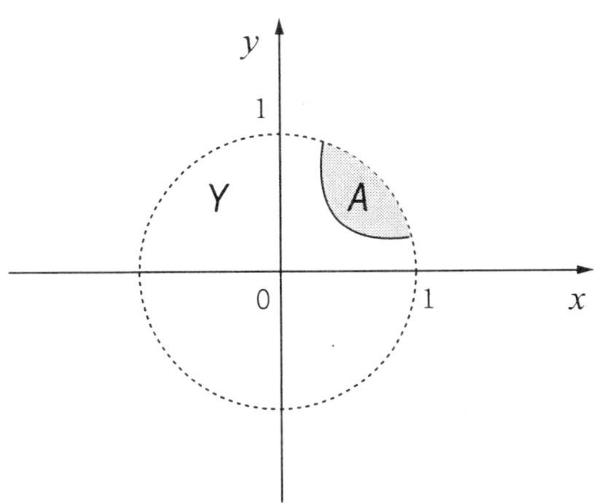

그림 5.1.1: 거리공간 $Y = \{(x,y) \in \mathbb{R}^2 : x^2 + y^2 < 1\}$에서 A는 닫힌 집합이다.

정리 5.1.5. 거리공간 (X,d)와 상대거리를 갖는 X의 부분집합 Y에 대하여 다음이 성립한다.

(i) $A \subset Y$가 Y에서 열린 집합일 필요충분조건은 X의 열린 집합 G가 존재하여

$$A = G \cap Y$$

인 것이다.

(ii) $A \subset Y$가 Y에서 닫힌 집합일 필요충분조건은 X의 닫힌 집합 F가 존재하여

$$A = F \cap Y$$

인 것이다.

예 5.1.6. 거리공간 $\mathbb{R}$의 부분집합 $Y = (1,3]$에 대하여 $A = (1,2]$는 상대거리공간 Y에서 닫힌 집합이다. 왜냐하면

$$A = (1,2] = [0,2] \cap (1,3] = [0,2] \cap Y$$

이며 $[0,2]$는 $\mathbb{R}$에서 닫힌 집합이기 때문이다.

마찬가지로 $B=(2,3]$는 상대거리공간 Y에서 열린 집합이다. 왜냐하면

$$A=(2,3]=(2,4)\cap(1,3]=(2,4)\cap Y$$

이며 $(2,4)$는 $\mathbb{R}$에서 열린 집합이기 때문이다.

정리 5.1.7. 거리공간 M_1, M_2와 집합 $A\subset M_1$, 함수 $f:A\to M_2$에 대하여 다음 명제들은 모두 동치이다:

1. f는 A의 모든 점에서 연속이다. 즉 f는 A에서 연속이다.

2. G가 M_2의 열린 집합이면 $f^{-1}(G)$는 A의 열린 집합이다.

3. F가 M_2의 닫힌 집합이면 $f^{-1}(F)$는 A의 닫힌 집합이다.

정의 5.1.8. 거리공간 X의 부분집합 A에 대한 **덮개**(covering)란 다음을 만족하는 X에 속하는 집합들의 집합족 $u=\{u_\alpha\}_{\alpha\in\Lambda}$를 말한다:

$$A\subset\bigcup_{\alpha\in\Lambda}u_\alpha.$$

이 경우 u는 A를 덮는다고 말한다. 또한 u의 부분집합족 $u^*=\{u_\alpha\}_{\alpha\in\Lambda'}$ $(\Lambda'\subset\Lambda)$가 다음을 만족하면 u^*를 u의 **부분덮개**(subcover)라고 부른다:

$$A\subset\bigcup_{\alpha\in\Lambda'}u_\alpha.$$

특히 u^*가 유한부분집합족이면 u^*를 **유한부분덮개**(finite subcover)라고 부른다.

예 5.1.9. $A=[0,\infty)\subset\mathbb{R}$에 대하여 $u_n=[n-1,n]$ $(n=1,2,3,\ldots)$이면

$$u=\{u_n\}_{n=1}^{\infty}$$

는 A의 덮개이며 u의 유한부분덮개는 존재하지 않는다.

정의 5.1.10. 거리공간 X의 부분집합 A에 대한 **열린 덮개**(open covering)란 열린 집합들로 이루어진 덮개를 말한다. 즉 다음을 만족하는 X의 열린 집합들의 집합족 $u = \{u_\alpha\}_{\alpha \in \Lambda}$를 말한다:

$$A \subset \bigcup_{\alpha \in \Lambda} u_\alpha.$$

정의 5.1.11. 거리공간 X의 부분집합 A에 대한 임의의 열린 덮개가 유한부분덮개를 가질 때, A를 **컴팩트 집합**(compact set)이라고 부른다. 간단히 A는 **컴팩트**(compact)라고도 한다. 거리공간 X가 컴팩트일 때, X를 **컴팩트 거리공간**(compact metric space)이라고 부른다.

예 5.1.12. $u_n = (-n, n) \subset \mathbb{R}$ $(n = 1, 2, 3, \ldots)$이면

$$u = \{u_n\}_{n=1}^{\infty}$$

는 $\mathbb{R}$의 열린 덮개이며 u의 유한부분덮개는 존재하지 않는다. 따라서 $\mathbb{R}$은 컴팩트가 아니다.

정의 5.1.13. 거리공간 X의 부분집합 A에 대하여 적당한 실수 $r > 0$과 적당한 점 $x \in X$가 존재하여

$$A \subset B_r(x)$$

이면 A를 **유계**(bounded)라고 한다.

정리 5.1.14. 거리공간 X의 부분집합 A가 컴팩트일 필요충분조건은 A에 속하는 무한개의 점이 항상 A에 속하는 집적점을 갖는 것이다.

정리 5.1.15. 거리공간 X에 대하여 $A \subset B \subset X$이고 B는 컴팩트이며 A는 닫힌 집합이면, A는 컴팩트이다.

정의 5.1.16. 거리공간 (X, d)의 부분집합 A와 함수 $f : A \to \mathbb{R}$에 대하여 적당한 실수 $M > 0$이 존재하여 다음을 만족하면 함수 f는 A에서 **유계**(bounded)라고 한다:

$$\text{모든 } x \in A\text{에 대하여 } |f(x)| \leq M.$$

정리 5.1.17. 거리공간 (X, d)의 컴팩트 부분집합 A에서 정의된 연속함수

$$f : A \to \mathbb{R}$$

는 최대값과 최소값을 갖는다. 즉, 적당한 $a, b \in A$가 존재하여 모든 $x \in A$에 대하여 다음을 만족한다:

$$f(a) \leq f(x) \leq f(b).$$

이제 거리공간 $\mathbb{R}^n$의 성질을 간단히 살펴보자.

정리 5.1.18. $\mathbb{R}$에 속하는 임의의 열린 집합($\neq \phi$)은 서로소인 가산 개의 열린 구간들의 합집합으로 표현된다.

정리 5.1.19. (Bolzano-Weierstrass 정리) $\mathbb{R}^n$의 유계인 부분집합 A가 무한개의 점을 포함하면 $\mathbb{R}^n$에 속하는 점이 적어도 하나 존재하여 A의 집적점이 된다.

정리 5.1.20. (Lindelöf 덮개 정리) $A \subset \mathbb{R}^n$이고 u가 A의 열린 덮개라고 하자. 그러면 집합족 u에 속하는 집합들 중 가산 개로 A를 덮을 수 있다.

정리 5.1.21. (Heine-Borel 정리) $\mathbb{R}^n$의 부분집합 A가 유계인 닫힌 집합이고 u가 A의 열린 덮개라고 하자. 그러면 A의 유한부분덮개가 존재한다.

정리 5.1.22. $\mathbb{R}^n$의 부분집합 A에 대하여 다음 세 가지 명제는 모두 동치이다.

1. A는 컴팩트이다.
2. A는 유계인 닫힌 집합이다.
3. A에 속하는 무한개의 점은 A에 속하는 집적점을 적어도 하나 갖는다.

예 5.1.23. $A = [0,1] \times [0,1] = \{(x,y) \in \mathbb{R}^2 : 0 \le x \le 1,\ 0 \le y \le 1\}$이라고 하면 A는 $\mathbb{R}^2$에서 유계인 닫힌 집합이므로 컴팩트이다.

이제 일반적인 거리공간의 성질을 좀 더 알아보자.

정리 5.1.24. (Bolzano-Weierstrass 정리의 일반화) 거리공간 (X,d)의 부분집합 A가 컴팩트일 필요충분조건은 A에 속하는 임의의 점렬이 A에 속하는 점으로 수렴하는 부분점렬을 갖는 것이다.

정리 5.1.25. 거리공간 (X,d)의 컴팩트 부분집합 A는 유계인 닫힌 집합이다.

주의: 위 정리의 역은 참이 아니다. 예를 들면

$$X = \mathbb{N} = \{1, 2, 3, \dots\}$$

라고 하고 d를 이산거리라 하면 (X,d)는 유계인 닫힌 집합이지만 컴팩트는 아니다. 즉, 이산거리의 정의에 의하면 임의의 두 점 $m, n \in X$에 대하여 $d(m,n)$은 0이거나 1이므로 X는 유계이다. 또한 거리공간 X는 X에서 닫힌 집합이다. 그

렇지만 다음과 같은 X의 열린 덮개 u에 대하여 u의 유한부분덮개는 존재하지 않는다:

$$u = \{u_n : n = 1, 2, 3, \dots\}, \quad u_n = B_{\frac{1}{2}}(n) = \{n\}.$$

정리 5.1.26. 거리공간 (X_1, d_1), (X_2, d_2)와 X_1의 컴팩트 부분집합 A, 연속함수

$$f : A \to X_2$$

에 대하여 $f(A)$는 컴팩트이다. 즉, 연속함수는 컴팩트 집합을 컴팩트 집합으로 보낸다.

정의 5.1.27. 거리공간 (X_1, d_1), (X_2, d_2)와 X_1의 부분집합 A에 대하여 함수

$$f : A \to X_2$$

가 다음 조건을 만족하면 f는 A에서 **고른 연속**(uniformly continuous)이라 부른다. (**균등연속** 혹은 **평등연속**이라고도 부른다.)

임의의 $\varepsilon > 0$에 대하여 $\delta > 0$가 존재하여

$$d_1(x, y) < \delta \implies d_2\big(f(x), f(y)\big) < \varepsilon.$$

참고: 위 정의에서 δ는 ε에만 의존할 뿐 A에 속하는 점 x나 y에 의존하지 않는다는 것이 중요하다. 즉, 이 경우

$$\delta = \delta(\varepsilon)$$

이다. 반면에 주어진 점 a에서의 연속의 정의(정의 5.1.1)를 보면 δ가 ε뿐만 아니라 점 a에도 의존한다. 즉

$$\delta = \delta(\varepsilon, a)$$

이다.

정리 5.1.28. 거리공간 (X_1, d_1), (X_2, d_2)와 X_1의 부분집합 A에 대하여 함수

$$f : A \to X_2$$

가 A에서 고른 연속이면 f는 A에서 연속이다.

참고: 당연히 위 정리의 역은 참이 아니다. 예를 들어 다음 함수 $f : \mathbb{R} \to \mathbb{R}$는 $\mathbb{R}$에서 연속은 되지만 고른 연속은 아니다. (예제 5.3.10 참조)

$$f(x) = x^2.$$

정리 5.1.29. 거리공간 (X_1, d_1), (X_2, d_2)에 대하여 X_1의 컴팩트 부분집합 A에서 정의된 연속함수

$$f : A \to X_2$$

는 A에서 고른 연속이다.

예 5.1.30. 함수 $f : [0, 1] \to \mathbb{R}$, $f(x) = x^2$은 컴팩트인 집합 $[0, 1]$에서 정의된 연속함수이므로 $[0, 1]$상에서 고른 연속이다.

정의 5.1.31. 거리공간 (X, d)의 부분집합 A에 대하여 A의 열린 집합이며 동시에 A의 닫힌 집합인 것이 A와 ϕ뿐일 때 A는 **연결집합**(connected set)이라 부른다. 또한 거리공간 (X, d)가 연결집합일 때 **연결거리공간**(connected metric space)이라 부른다.

정리 5.1.32. 거리공간 X의 부분집합 A가 연결집합이 되지 않을 필요충분조건은, X의 공집합이 아닌 열린 집합 U, V가 존재하여 다음을 만족하는 것이다:

$$A \subset U \cup V, \quad U \cap A \neq \phi, \quad V \cap A \neq \phi, \quad U \cap V = \phi.$$

정리 5.1.33. $\mathbb{R}$의 부분집합 A가 연결집합일 필요충분조건은

$$a, b \in A\text{이고 } a < b\text{이면 } [a, b] \subset A$$

인 것이다.

정의 5.1.34. $\mathbb{R}$의 **구간**(interval)이란 다음과 같은 형태 중 하나를 말한다. (a, b는 $a < b$인 실수이다.)

$$(a, b),\ [a, b],\ (a, b],\ [a, b),\ (-\infty, b),\ (-\infty, b],\ (a, \infty),\ [a, \infty),\ (-\infty, \infty)$$

정리 5.1.35. $\mathbb{R}$의 공집합 아닌 부분집합 A가 연결집합일 필요충분조건은 A가 한 점이거나 구간인 것이다.

정리 5.1.36. 거리공간 (X_1, d_1), (X_2, d_2)와 X_1의 연결 부분집합 A, 연속함수

$$f : A \to X_2$$

에 대하여 $f(A)$는 연결집합이다. 즉, 연속함수는 연결집합을 연결집합으로 보낸다.

정리 5.1.37. (중간값 정리) 닫힌 구간 $[a, b]$에서 정의된 연속함수 $f : [a, b] \to \mathbb{R}$에 대하여 α가 $f(a)$와 $f(b)$ 사이의 임의의 값이면 $f(c) = \alpha$를 만족하는 $c \in (a, b)$가 존재한다.

정리 5.1.38. $\mathbb{R}^n$은 연결거리공간이다.

정리 5.1.39. $\mathbb{R}^n$의 컴팩트 부분집합은 완비집합이다.

(정리 4.1.22 참조)

5.2 O, X 문제

다음 명제들에 대하여 참인 것에는 O, 거짓인 것에는 X로 표시하라.

1. 집합 $[0,1] \cup \{2\}$는 $\mathbb{R}$에서 컴팩트이다. ( )

2. 거리공간에 속하는 임의의 유계인 닫힌 집합은 컴팩트이다. ( )

3. 함수 $f : [0,1] \to \mathbb{R}$가 연속이면 $f([0,1])$은 닫힌 집합이다. ( )

4. 함수 $f : A \to \mathbb{R}$가 연속이면 $f^{-1}([0,1])$은 A의 닫힌 집합이다. ( )

5. 거리공간에 속하는 컴팩트 집합 A에 대하여 A의 극한점은 모두 A에 속한다. ( )

6. 유계인 집합 A에서 정의된 연속함수는 고른 연속이다. ( )

7. 집합 $A = [1,2)$는 거리공간 $X = (0,2)$에서 닫힌 집합이다. ( )

8. $A = [0,1] \times [0,1] \subset \mathbb{R}^2$, $f : A \to \mathbb{R}$, $f(x,y) = x^2y^3$이라 하면 함수 f는 A상에서 고른 연속이다. ( )

9. $\mathbb{R}^n$에 속하는 유계인 점렬 $\{x_n\}_{n=1}^{\infty}$은 수렴하는 부분점렬을 갖는다. ( )

10. 이산거리공간은 완비이다. ( )

O, X 문제 정답 및 해설

정답:

문제	1	2	3	4	5	6	7	8	9	10
정답	O	X	O	O	O	X	O	O	O	O

해설:

1. 정답: O

   $\mathbb{R}$에서 유계인 닫힌 집합은 컴팩트이다.

2. 정답: X

   $X = \mathbb{N} = \{1, 2, 3, \ldots\}$라고 하고 d를 이산거리라 하면 (X, d)는 유계인 닫힌 집합이지만 컴팩트는 아니다. (정리 5.1.25 아래의 주의 참조)

3. 정답: O

   f가 연속이고 $[0, 1]$은 컴팩트이므로 $f([0, 1])$은 컴팩트이다. (정리 5.1.26 참조) 따라서 닫힌 집합이다.

4. 정답: O

   닫힌 집합의 연속함수에 대한 역상은 닫힌 집합이다. (정리 5.1.7 참조)

5. 정답: O

   A가 컴팩트이면 닫힌 집합이므로 A의 극한점은 모두 A에 속한다.

6. 정답: X

   $f : (0, 1) \to \mathbb{R}$, $f(x) = \frac{1}{x}$로 정의하면 f는 유계인 집합 $(0, 1)$에서 정의된 연속함수이지만 고른 연속은 아니다. (예제 5.3.12 참조)

참고로 컴팩트 집합에서 정의된 연속함수는 고른 연속이다. (정리 5.1.29 참조)

7. 정답: O

$A = [1, 2) = [1, 3] \cap (0, 2)$이므로 A는 거리공간 $X = (0, 2)$에서 닫힌 집합이다. (예 5.1.6 참조)

8. 정답: O

f는 컴팩트 집합에서 정의된 연속함수이므로 고른 연속이다. (정리 5.1.29 참조)

9. 정답: O

Bolzano-Weierstrass 정리에 의하여 $\mathbb{R}^n$의 유계인 부분집합 A가 무한개의 점을 포함하면 $\mathbb{R}^n$에 속하는 점이 적어도 하나 존재하여 A의 집적점이 된다. 따라서 $\mathbb{R}^n$에 속하는 유계인 점렬 $\{x_n\}_{n=1}^{\infty}$은 수렴하는 부분점렬을 갖는다. (정리 5.1.19 참조)

10. 정답: O

(X, d)가 이산거리공간이라 하자. X에 속하는 Cauchy 점렬 $\{x_n\}$을 생각하면 $\varepsilon = \frac{1}{2} > 0$일 때 자연수 N이 존재하여

$$m,\, n \geq N \implies d(x_m, x_n) < \varepsilon = \frac{1}{2}$$

이므로 이산거리의 정의에 의하여 $n \geq N$일 때 $x_n = x_N$이다. 즉 $\{x_n\}$은 x_N으로 수렴한다. 결국 임의의 Cauchy 점렬이 수렴하므로 (X, d)는 완비이다.

5.3 기본예제

기본예제 5.3.1. $f : \mathbb{R} \to \mathbb{R}$, $f(x) = x^3 + x^2 - 2x + 1$이고 $A = (0,1)$일 때, $f^{-1}(A)$가 열린 집합임을 보여라.

풀이: 함수 f는 다항함수이므로 연속이다. 또한 $A = (0,1)$는 $\mathbb{R}$의 열린 집합이므로 $f^{-1}(A)$는 열린 집합이다. ($\Leftarrow$ 정리 5.1.7)

기본예제 5.3.2. $A = (1,2]$는 $B = (0,2]$의 열린 부분집합임을 보여라.

풀이: 예를 들면 $A = (1,2] = (1,3) \cap B$로 표현되고 $(1,3)$은 $\mathbb{R}$의 열린 집합이므로 $A = (1,2]$는 $B = (0,2]$의 열린 부분집합이다.

기본예제 5.3.3. $A = [1,2)$는 $B = (0,2)$의 닫힌 부분집합임을 보여라.

풀이: 예를 들면 $A = [1,2) = [1,3] \cap B$로 표현되고 $[1,3]$은 $\mathbb{R}$의 닫힌 집합이므로 $A = [1,2)$는 $B = (0,2)$의 닫힌 부분집합이다.

참고: 위의 두 문제는 상대거리공간에서의 열린 집합 및 닫힌 집합의 정의를 사용하여 증명할 수도 있다.

기본예제 5.3.4. 집합 $A = [0,1] \subset \mathbb{R}$에 대하여,

$$u_0 = \left(-\frac{1}{10}, \frac{1}{10}\right), \quad u_n = \left(\frac{1}{n}, 2\right) \ (n = 1,2,3,\dots),$$

$$u = \{u_n : n = 0,1,2,3,\dots\}$$

라고 하면 u는 A의 열린 덮개이다. 이 때 u의 A에 대한 유한부분덮개를 하나 찾아라.

풀이: $u^* = \{u_0, u_{11}\}$라 하면 집합족 u^*에 속하는 집합의 개수는 2개이므로 유한개이다. 또한

$$A = [0,1] \subset \left(-\frac{1}{10}, \frac{1}{10}\right) \cup \left(\frac{1}{11}, 2\right) = u_0 \cup u_{11}$$

이므로 u^*는 u의 A에 대한 유한부분덮개이다.

참고: 위 문제의 경우 다른 다양한 답이 있을 수 있다. 예를 들면

$$u^* = \{u_0, u_{20}, u_{21}\}$$

라 하면 이 u^*도 u의 A에 대한 유한부분덮개이다.

주의: 위 문제의 풀이가 집합 $A = [0,1]$이 컴팩트임을 보이는 것은 아니다. 컴팩트임을 보이려면 '임의의' 열린 덮개가 유한부분덮개를 갖는다는 것을 보여야 하기 때문이다. (예제 5.4.1 참조) 어느 '특정한' 열린 덮개에 대하여 유한부분덮개가 존재하는 것을 보이는 것은 A가 컴팩트임을 보이는 것에 전혀 도움이 되지 않는다.

그리고 $A = [0,1]$이 컴팩트임을 보이려면 물론 컴팩트의 정의를 사용할 수 있지만, A가 $\mathbb{R}$에서 유계인 닫힌 집합임을 이용하여 컴팩트임을 말하는 것이 훨씬 간단하다. (정리 5.1.22 참조)

기본예제 5.3.5. 컴팩트의 정의를 사용하여 $A = (0,1] \subset \mathbb{R}$이 컴팩트가 아님을 보여라.

풀이: $u_n = \left(\frac{1}{n},\ 2\right)$ $(n = 1, 2, 3, \ldots)$이라고 하면 각 u_n은 열린 집합이고

$$A = (0,1] \subset (0,2) = \bigcup_{n=1}^{\infty} u_n$$

이므로

$$u = \{u_n : n = 1, 2, 3, \ldots\}$$

는 A의 열린 덮개이다. 그러나 u는 A에 대한 유한부분덮개를 갖지 못한다. 왜냐하면 집합족 u에 속하는 집합 중 유한개를 택하여 만든 유한집합족 u^*를 생각하면, 이 집합족에 속하는 집합들인 u_n 중 첨자가 가장 큰 집합을 u_m이라 놓을 수 있고, 이 때

$$\frac{1}{m+1} \in A$$

이지만 $\frac{1}{m+1}$은 u^*에 속하는 집합들의 합집합에 속하지 않는다. 즉 u에서 유한개의 집합만을 택하여 만든 집합족은 u의 부분덮개가 될 수 없다.

기본예제 5.3.6. 거리공간 $\mathbb{R}$의 부분집합으로 주어진 다음 집합 A, B, C, D 중 컴팩트인 것을 모두 골라라.

$$\begin{aligned} A &= \left\{\frac{1}{n} : n = 1, 2, 3, \dots\right\}, \\ B &= \left\{\frac{1}{n} : n = 1, 2, 3, \dots\right\} \cup \{0\}, \\ C &= \mathbb{N}, \\ D &= (0, 1). \end{aligned}$$

풀이: A, B, C, D는 모두 실수 $\mathbb{R}$의 부분집합이므로 유계인 닫힌 집합인 것을 고르면 된다. A와 D는 모두 유계이기는 하나 닫힌 집합이 아니므로 컴팩트가 아니다. B는 유계인 닫힌 집합이므로 컴팩트이다. C는 닫힌 집합이기는 하지만 유계가 아니므로 컴팩트가 아니다. 따라서 정답은 B이다.

보충설명: A의 경우 0은 A에 대한 극한점이지만 $0 \notin A$이므로 A는 닫힌 집합이 아니다. 집합 A가 닫힌 집합이 되기 위한 필요충분조건은 A에 대한 극한점을 A가 모두 포함하는 것임을 잊으면 안된다.

기본예제 5.3.7. 다음 함수 $f : [0, 1] \to \mathbb{R}$는 최대값과 최소값을 가짐을 보여라.

$$f(x) = -x^6 + 4x^2 - 3x + 1.$$

풀이: f는 다항함수이므로 연속이다. 따라서 f는 컴팩트 집합 $[0, 1]$에서 정의된 연속함수이므로 최대값과 최소값을 갖는다. ($\Leftarrow$ 정리 5.1.17)

기본예제 5.3.8. 다음 함수 $f : \mathbb{R} \to \mathbb{R}$는 고른 연속임을 보여라.

$$f(x) = 3x + 1$$

풀이: 임의의 $\varepsilon > 0$에 대하여 $\delta = \frac{\varepsilon}{3} > 0$가 존재하여 다음을 만족한다:

$$|x - y| < \delta \implies |f(x) - f(y)| = 3|x - y| < 3\delta = \varepsilon.$$

따라서 f는 고른 연속이다.

참고: 위 문제에서 δ는 ε에만 의존하며 점 x나 y에 의존하지 않는다는 것이 중요하다.

기본예제 5.3.9. 다음 함수 $f : [0, \infty) \to [0, \infty)$ 는 고른 연속임을 보여라.

$$f(x) = \sqrt{x}$$

풀이: 임의의 $\varepsilon > 0$에 대하여 $\delta = \frac{\varepsilon^2}{2} > 0$이라 하자.

이제 $x \geq 0$, $y \geq 0$이고 $|x - y| < \delta$일 때,

$$|\sqrt{x} - \sqrt{y}| < \varepsilon \tag{5.3.1}$$

임을 보이면 된다.

우선 $\sqrt{x}$와 $\sqrt{y}$가 모두 $\frac{\varepsilon}{2}$보다 작은 경우

$$|\sqrt{x} - \sqrt{y}| \leq \sqrt{x} + \sqrt{y} < \frac{\varepsilon}{2} + \frac{\varepsilon}{2} = \varepsilon$$

이다.

또한 $\sqrt{x}$와 $\sqrt{y}$ 중 적어도 하나는 $\frac{\varepsilon}{2}$보다 크거나 같은 경우

$$|\sqrt{x} - \sqrt{y}| = \frac{|x - y|}{\sqrt{x} + \sqrt{y}} < \frac{\delta}{\frac{\varepsilon}{2}} = \frac{2\frac{\varepsilon^2}{2}}{\varepsilon} = \varepsilon$$

이다.

결국 어느 경우이나 식 (5.3.1)이 성립하므로 고른 연속이다.

기본예제 5.3.10. 다음 함수 $f : \mathbb{R} \to \mathbb{R}$는 고른 연속이 아님을 보여라.

$$f(x) = x^2$$

풀이: $\varepsilon = 1$이라 하자. 그러면 임의의 $\delta > 0$에 대하여

$$x = \frac{1}{\delta}, \quad y = x + \frac{\delta}{2}$$

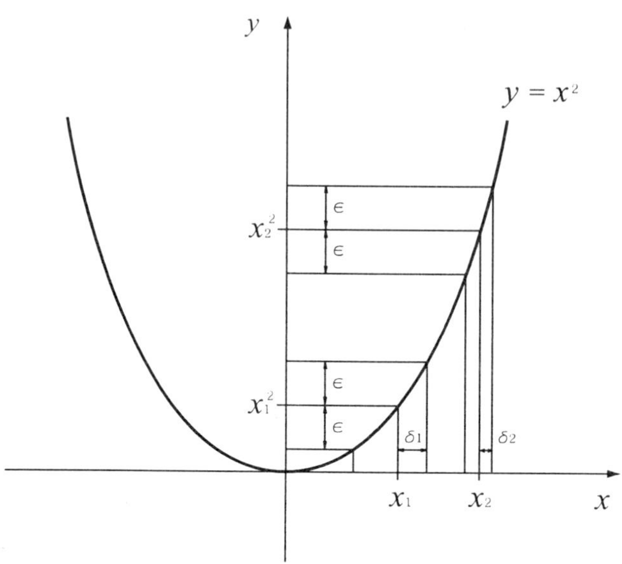

그림 5.3.1: 예제 5.3.10에서 $f:\mathbb{R}\to\mathbb{R}$, $f(x)=x^2$이 고른 연속이 될 수 없음을 설명하는 그림. 같은 $\varepsilon>0$에 대하여 $x=x_1$일 때의 δ_1보다 $x=x_2$일 때의 δ_2는 더 작은 것을 알 수 있다. 즉 같은 $\varepsilon>0$에 대하여 x의 절대값이 커질수록 더 작은 $\delta>0$를 잡아야 한다. 결국 $|x|\to\infty$일 때 $\delta\to 0$이므로 x에 의존하지 않는 $\delta>0$를 잡는 것은 불가능하다.

라고 두면 $|x-y|=\frac{\delta}{2}<\delta$이지만

$$|f(x)-f(y)|=\left|x^2-\left(x+\frac{\delta}{2}\right)^2\right|=\left|\delta x+\frac{\delta^2}{4}\right|=1+\frac{\delta^2}{4}>1=\varepsilon$$

이다. 따라서 f는 고른 연속이 아니다. (그림 5.3.1 참조)

기본예제 5.3.11. 고른 연속의 정의를 사용하여 다음 함수 $f:[0,1]\to\mathbb{R}$는 고른 연속임을 보여라.

$$f(x)=x^2$$

풀이: 임의의 $\varepsilon>0$에 대하여 $\delta=\frac{\varepsilon}{2}>0$가 존재하여 다음을 만족한다:

$$|x-y|<\delta \implies |f(x)-f(y)|=|x^2-y^2|=|x+y||x-y|\le 2\delta=\varepsilon.$$

따라서 f는 고른 연속이다.

참고: 예제 5.3.11에서 함수 f는 컴팩트 집합 위에서 정의된 연속함수이므로 고른 연속인 것은 당연하다. ($\Leftarrow$ 정리 5.1.29)

또한 예제 5.3.10과 예제 5.3.11을 비교하여 보면 같은 함수라 하더라도 정의역이 어떻게 주어지느냐에 따라 고른 연속 여부가 달라질 수 있음을 알 수 있다.

기본예제 5.3.12. 함수 $f:(0,1)\to\mathbb{R}$, $f(x)=\frac{1}{x}$이라 할 때 f는 고른 연속이 아님을 보여라.

풀이: $\varepsilon=\frac{1}{2}>0$이라 하자. 이 때 임의의 $\delta>0$에 대하여 x, $y\in(0,1)$가 존재하여 $|f(x)-f(y)|<\delta$이지만 $|f(x)-f(y)|\geq\varepsilon=\frac{1}{2}$임을 보이면 된다.

두 가지 경우로 나누어 생각하자. 만일 $\delta\geq\frac{1}{2}$이면 $x=\frac{1}{2}$, $y=\frac{1}{3}$이라 할 때

$$|x-y|=\frac{1}{6}<\frac{1}{2}\leq\delta \text{ 이지만 } |f(x)-f(y)|=|2-3|=1>\frac{1}{2}=\varepsilon$$

이다. 또한 $0<\delta<\frac{1}{2}$인 경우는 $x=\delta$, $y=\frac{3}{2}\delta$라고 하면 x, $y\in(0,1)$이고

$$|x-y|=\frac{\delta}{2}<\delta \text{ 이지만 } |f(x)-f(y)|=\left|\frac{1}{\delta}-\frac{2}{3\delta}\right|=\frac{1}{3\delta}>\frac{2}{3}>\frac{1}{2}=\varepsilon$$

이다.

따라서 f는 고른 연속이 아니다.

기본예제 5.3.13. 함수 $f:\mathbb{R}\to\mathbb{R}$와 $g:\mathbb{R}\to\mathbb{R}$가 모두 고른 연속일 때, 함수 $f+g$도 역시 고른 연속이 됨을 보여라.

풀이: 임의의 $\varepsilon>0$에 대하여, f가 고른 연속이므로, $\delta_1>0$이 존재하여 다음을 만족한다:

$$x\in\mathbb{R},\ y\in\mathbb{R},\ |x-y|<\delta_1 \implies |f(x)-f(y)|<\frac{\varepsilon}{2}.$$

마찬가지로, g가 고른 연속이므로 $\delta_2>0$가 존재하여 다음을 만족한다:

$$x\in\mathbb{R},\ y\in\mathbb{R},\ |x-y|<\delta_2 \implies |g(x)-g(y)|<\frac{\varepsilon}{2}.$$

이제 $\delta = \min\{\delta_1, \delta_2\} > 0$라고 하면 $x \in \mathbb{R}$, $y \in \mathbb{R}$이고 $|x-y| < \delta$일 때,

$$\begin{aligned} |(f+g)(x) - (f+g)(y)| &= |f(x) + g(x) - f(y) - g(y)| \\ &= |f(x) - f(y) + g(x) - g(y)| \\ &\leq |f(x) - f(y)| + |g(x) - g(y)| \\ &< \frac{\varepsilon}{2} + \frac{\varepsilon}{2} \\ &= \varepsilon \end{aligned}$$

이다. 따라서 함수 $f+g$는 $\mathbb{R}$에서 고른 연속이다.

기본예제 5.3.14. $A = [0,1] \cup [4,5]$는 연결집합이 아님을 보여라.

풀이: $U = (-1,2)$, $V = (3,6)$이라 하면 U, V는 $\mathbb{R}$의 공집합 아닌 열린 집합이며 다음을 만족한다:

$$A \subset U \cup V, \quad U \cap A \neq \phi, \quad V \cap A \neq \phi, \quad U \cap V = \phi.$$

따라서 A는 연결집합이 아니다.

기본예제 5.3.15. 통상적인 거리가 주어진 유리수 전체의 집합 $\mathbb{Q}$는 완비거리공간이 아님을 보여라.

풀이: $\sqrt{2}$로 수렴하는 유리수열을 잡아 $\{a_n\}$이라 하자. 그러면 $\{a_n\}$은 실수 $\mathbb{R}$에서 수렴하는 수열이고, $\mathbb{R}$은 완비이므로 $\{a_n\}$은 $\mathbb{R}$에서 Cauchy 수열이다. 따라서 $\{a_n\}$은 $\mathbb{Q}$에서도 Cauchy 수열이 된다. 그러나 $\sqrt{2} \notin \mathbb{Q}$이므로 $\{a_n\}$은 $\mathbb{Q}$에서 수렴하지 않는다. 따라서 $\mathbb{Q}$는 완비가 아니다.

기본예제 5.3.16. 다음 함수 $f : [0,1] \to \mathbb{R}$는 0과 1 사이에서 실근을 가짐을 보여라.

$$f(x) = x^5 - 4x^2 - 3x + 1.$$

풀이: 함수 f는 다항함수이므로 $[0,1]$에서 연속이고

$$f(0) = 1 > 0, \quad f(1) = -5 < 0$$

이므로 중간값 정리에 의하여, 적당한 $c \in (0,1)$가 존재하여 $f(c) = 0$이 된다. 즉 f는 0과 1 사이에서 실근을 갖는다.

5.4 필수예제

필수예제 5.4.1. 컴팩트의 정의를 사용하여 닫힌 구간 $[a.b]$가 컴팩트임을 보여라.

풀이: 귀류법을 이용하여 증명하자. 우선 $I = [a, b]$라 하자. 만일 $u = \{u_\alpha\}_{\alpha\in\Lambda}$가 I의 열린 덮개이고 유한부분덮개를 갖지 않는다고 가정하자. 그러면 구간 I의 중점을 c라 할 때

$$I = [a, c] \cup [c, b]$$

로 표현되고 $[a, c]$와 $[c, b]$ 중 적어도 하나의 구간은 유한개의 u_α들의 합집합에 속하지 않는다. 왜냐하면, 만일 두 개의 구간이 각각 유한개의 u_α들의 합집합에 속한다면 u는 유한부분덮개를 갖게 되고 이는 가정에 모순이기 때문이다.

따라서 유한개의 u_α들의 합집합에는 속하지 않는 구간을 I_1이라 하면 I_1은 $[a, c]$와 $[c, b]$ 중 하나이며 I_1의 길이는 $\frac{b-a}{2}$이다.

다음 단계로 구간 I_1에 대하여 같은 과정을 반복하자. 즉 I_1을 2등분한 구간 중에서 적어도 하나의 구간은 역시 유한개의 u_α들의 합집합에 속하지 않는다. 이 구간을 I_2라 하면 I_2의 길이는 $\frac{b-a}{2^2}$이다.

이제 이 과정을 계속하여 반복하게 되면 다음과 같은 구간들의 열 $\{I_n\}$을 얻게 된다:

(i) $I \supset I_1 \supset I_2 \supset I_3 \supset \cdots$

(ii) I_n에 대한 u의 유한부분덮개는 존재하지 않는다. 즉 I_n은 유한개의 u_α들의 합집합에 속하지 않는다. $(n = 1, 2, 3, \ldots)$

(iii) I_n의 길이는 $\frac{b-a}{2^n}$이다.

따라서 축소구간정리 (정리 2.1.35)에 의하여

$$\bigcap_{n=1}^{\infty} I_n = x_0$$

라고 둘 수 있다. 이제 $x_0 \in I$이고 u는 I의 덮개이므로 적당한 첨자 $\alpha_0 \in \Lambda$가 존재하여

$$x_0 \in u_{\alpha_0}$$

이다. 그런데 u_{α_0}는 열린 집합이므로 적당한 $\varepsilon > 0$이 존재하여

$$B_\varepsilon(x_0) \subset u_{\alpha_0}$$

이다. 이제 $N > \log_2\left(\frac{b-a}{\varepsilon}\right)$인 자연수 N을 잡으면 $\frac{b-a}{2^N} < \varepsilon$이므로 임의의 $x \in I_N$에 대하여

$$|x - x_0| < \frac{b-a}{2^N} < \varepsilon$$

이므로

$$x \in B_\varepsilon(x_0) \subset u_{\alpha_0}$$

이다. 즉

$$I_N \subset u_{\alpha_0}$$

인데 이것은 (ii)에 모순이다.

참고: 위 문제에서는 컴팩트의 정의를 사용하여 닫힌 구간 $[a, b]$가 컴팩트임을 증명하였다. 그러나 닫힌 구간 $[a, b]$는 $\mathbb{R}$에서 유계인 닫힌 집합이므로 컴팩트인 것이 자명하다. (정리 5.1.22 참조)

필수예제 5.4.2. 연속함수 $f : \mathbb{R} \to \mathbb{R}$에 대하여 다음 집합이 열린 집합임을 보여라.

$$A = \{x \in \mathbb{R} : f(x) > 0\}.$$

풀이:

$$\begin{aligned} A &= \{x \in \mathbb{R} : f(x) > 0\} \\ &= f^{-1}[(0, \infty)] \\ &= f^{-1}\left[\bigcup_{n=1}^{\infty}\left(\frac{1}{n}, \infty\right)\right] \\ &= \bigcup_{n=1}^{\infty} f^{-1}\left[\left(\frac{1}{n}, \infty\right)\right] \end{aligned}$$

이다. 그런데 각 n에 대하여 $\left(\frac{1}{n},\infty\right)$는 열린 집합이고 f는 연속이므로

$$f^{-1}\left[\left(\frac{1}{n},\infty\right)\right]$$

도 열린 집합이다. ($\Leftarrow$ 정리 5.1.7) 따라서 이들의 합집합인

$$\bigcup_{n=1}^{\infty} f^{-1}\left[\left(\frac{1}{n},\infty\right)\right]$$

도 열린 집합이다. 결국 A는 열린 집합이다.

필수예제 5.4.3. 연속함수 $f:\mathbb{R}\to\mathbb{R}$에 대하여 다음 집합이 닫힌 집합임을 보여라.

$$B=\{x\in\mathbb{R}: f(x)\le 0\}.$$

풀이:

$$\begin{aligned} B &= \{x\in\mathbb{R}: f(x)\le 0\} \\ &= f^{-1}[(-\infty,0]] \\ &= f^{-1}\left[\bigcap_{n=1}^{\infty}\left(-\infty,\frac{1}{n}\right]\right] \\ &= \bigcap_{n=1}^{\infty} f^{-1}\left[\left(-\infty,\frac{1}{n}\right]\right] \end{aligned}$$

이다. 그런데 각 n에 대하여 $\left(-\infty,\frac{1}{n}\right]$는 닫힌 집합이고 f는 연속이므로

$$f^{-1}\left[\left(-\infty,\frac{1}{n}\right]\right]$$

도 닫힌 집합이다. ($\Leftarrow$ 정리 5.1.7) 따라서 이들의 교집합인

$$\bigcap_{n=1}^{\infty} f^{-1}\left[\left(-\infty,\frac{1}{n}\right]\right]$$

도 닫힌 집합이다. 결국 B는 닫힌 집합이다.

참고: 예제 5.4.2에서 A가 열린 집합이었으므로 예제 5.4.3에서의 B는

$$B = A^c$$

이므로 닫힌 집합임이 당연하다.

또한 위의 예제와 같은 방법을 써서 증명하면 f가 연속함수일 때

$$\{x \in \mathbb{R} : f(x) \geq 0\}$$

도 닫힌 집합이 됨을 쉽게 알 수 있다.

필수예제 5.4.4. 연속함수 $f : \mathbb{R} \to \mathbb{R}$에 대하여 다음 집합이 닫힌 집합임을 보여라.

$$C = \{x \in \mathbb{R} : f(x) = 0\}.$$

풀이:

$$C = \{x \in \mathbb{R} : f(x) = 0\} = f^{-1}(\{0\}) = f^{-1}\left(\bigcap_{n=1}^{\infty}\left[-\frac{1}{n}, \frac{1}{n}\right]\right)$$

이므로 위 문제와 같은 방법으로 C는 닫힌 집합이다.

참고: 예제 4.4.6에서는 닫힌 집합의 정의를 이용하여 C가 닫힌 집합임을 보였었는데, 같은 문제인 5.4.4에서는 좀 더 간단한 방법으로 증명하고 있음을 알 수 있다. 또한

$$C = \{x : f(x) \leq 0\} \cap \{x : f(x) \geq 0\}$$

임과 예제 5.4.3을 이용하면 C는 두 닫힌 집합의 교집합으로 표현되므로 결국 닫힌 집합임을 알 수 있다.

필수예제 5.4.5. 거리공간 X_1, X_2와 연속함수 $f : X_1 \to X_2$ 및 $A \subset X_1$에 대하여 다음을 보여라.

$$f(\overline{A}) \subset \overline{f(A)}.$$

풀이: $y \in f(\overline{A})$라고 하면 $x \in \overline{A}$가 존재하여 $f(x) = y$이다. 따라서 x는 A의 극한점이므로 점렬 $\{x_n\} \subset A$이 존재하여

$$\lim_{n\to\infty} x_n = x \in X_1$$

이다. 그러므로

$$\{f(x_n)\} \subset f(A)$$

이며, f는 연속이므로

$$\lim_{n\to\infty} f(x_n) = f(x) = y$$

이다. 즉 y는 $f(A)$의 극한점이므로

$$y \in \overline{f(A)}$$

이다. 결국 $f(\overline{A}) \subset \overline{f(A)}$이다.

필수예제 5.4.6. $\mathbb{R}$에 통상적인 거리가 주어졌을 경우 $[0,1]$은 컴팩트이지만 이산거리가 주어질 경우 $[0,1]$은 컴팩트가 아님을 보여라.

풀이: 통상적인 거리가 주어진 경우에는 $[0,1]$이 유계인 닫힌 집합이므로 컴팩트이다.

그러나 이산거리가 주어질 경우에는

$$u_x = B_{\frac{1}{2}}(x) = \{x\}$$

가 열린 집합이므로

$$u = \{u_x : x \in [0,1]\}$$

는 $[0,1]$의 열린 덮개가 되고, u의 유한부분덮개가 존재할 수 없으므로 $[0,1]$은 컴팩트가 아니다.

보충설명: u의 유한부분덮개가 존재할 수 없는 이유는 u에 속하는 집합의 개수는 무한개이며 이 중 하나라도 빠져서는 $[0,1]$의 덮개가 될 수 없기 때문이다.

필수예제 5.4.7. 거리공간 X의 컴팩트 부분집합 A, B에 대하여 $A \cup B$도 컴팩트임을 보여라.

풀이: $u = \{u_\alpha : \alpha \in \Lambda\}$가 $A \cup B$의 열린 덮개라고 하자. 즉 각각의 u_α는 열린 집합이며

$$A \cup B \subset \bigcup_{\alpha \in \Lambda} u_\alpha$$

이다. 그러면 당연히

$$A \subset \bigcup_{\alpha \in \Lambda} u_\alpha$$

이므로 u는 A의 열린 덮개도 되고, A가 컴팩트이므로 u의 A에 대한 유한부분덮개 u^*가 존재한다.

마찬가지로 u는 B의 열린 덮개가 되고 되고, B가 컴팩트이므로 u의 B에 대한 유한부분덮개 u^{**}가 존재한다.

이제

$$u^{***} = u^* \cup u^{**}$$

라고 하면 u^{***}는 u의 $A \cup B$에 대한 유한부분덮개이다. 따라서 $A \cup B$는 컴팩트이다.

참고: 위 문제의 방법을 그대로 적용하면 컴팩트인 집합들의 유한 번 합집합도 역시 컴팩트임을 보일 수 있다. 그러나 컴팩트인 집합들의 무한 번 합집합은 일반적으로 컴팩트라고 말할 수 없다. 예를 들면 $\mathbb{R}$에 속하는 각 점 하나하나는 컴팩트이지만 이 점들의 전체 합집합인 $\mathbb{R}$은 컴팩트가 아니다.

또한 컴팩트 집합의 임의의 교집합은 항상 컴팩트임을 위 문제와 같은 방법으로 보일 수 있다.

필수예제 5.4.8. $\mathbb{R}$의 부분집합 중 열린 집합이면서 동시에 닫힌 집합인 것은 ϕ와 $\mathbb{R}$밖에 없음을 보여라.

풀이: 만일 $A \subset \mathbb{R}$, $A \neq \phi$, $A \neq \mathbb{R}$이며 A가 동시에 열린 집합이면서 닫힌 집합이라고 가정하자. 그러면 $a \in A$, $b \in A^c$인 실수 a, b가 존재한다. $a \neq b$이므로

$a < b$라고 가정하고 증명해도 무방하다.

$$A_1 = A \cap [a, b]$$

라고 정의하면 $a \in A_1$이므로 $A_1 \neq \phi$이다.

또한 $M = \sup A_1$이라 하면 $a \leq M \leq b$이고 $M \in A$이거나 $M \in A^c$이다.

(i) $M \in A$인 경우

$b \in A^c$이므로 $M < b$이다. 따라서 $\varepsilon_1 = \frac{b-M}{2} > 0$이라 하면 $M + \varepsilon_1 < b$이다. 또한 A가 열린 집합이므로 $\varepsilon_2 > 0$가 존재하여 다음이 성립한다.

$$(M - \varepsilon_2, M + \varepsilon_2) \subset A.$$

이제 $\varepsilon = \min\left\{\varepsilon_1, \frac{\varepsilon_2}{2}\right\}$ 라고 정의하면 $M + \varepsilon \in (M - \varepsilon_2, M + \varepsilon_2) \subset A$이므로

$$M + \varepsilon \in A$$

이다. 그런데

$$a < a + \varepsilon \leq M + \varepsilon \leq M + \varepsilon_1 < b$$

이므로

$$M + \varepsilon \in [a, b]$$

이다. 결국 $M + \varepsilon \in A_1$인데, 이것은 M이 A_1의 상계인 것에 모순이다.

(ii) $M \in A^c$인 경우

$a \in A$이므로 $a < M$이다. 따라서 $\varepsilon_1 = \frac{M-a}{2} > 0$이라 하면 $M - \varepsilon_1 > a$이다. 또한 A^c가 열린 집합이므로 $\varepsilon_2 > 0$가 존재하여 다음이 성립한다.

$$(M - \varepsilon_2, M + \varepsilon_2) \subset A^c.$$

이제 $\varepsilon = \min\left\{\varepsilon_1, \frac{\varepsilon_2}{2}\right\}$ 라고 정의하면 $a < M - \varepsilon_1 \leq M - \varepsilon$이고

$$A_1 \subset [a, M - \varepsilon] \tag{5.4.1}$$

이다. ($\Leftarrow$ 아래 보충설명 참조) 그런데 이것은 M이 A_1의 최소상계라는 것에 모순이다.

결국 어느 경우이건 모순을 얻는다. 따라서 $\mathbb{R}$의 부분집합 중 열린 집합이면서 동시에 닫힌 집합인 것은 ϕ와 $\mathbb{R}$밖에 없다.

보충설명: 식 (5.4.1)이 성립하는 이유는 다음과 같다:

만일 $x \in A_1 = A \cap [a, b]$이고 $x > M - \varepsilon$이라면, $x > M - \varepsilon \geq M - \varepsilon_2$이다. 그런데 $x \in A$이고 (위의 풀이에서)

$$(M - \varepsilon_2, M + \varepsilon_2) \subset A^c$$

이므로, $x > M - \varepsilon_2$라는 것은 $x \geq M + \varepsilon_2$임을 의미한다. 즉 $x > M$이다. 그러나 이것은 M이 A_1의 최소상계인 것에 모순이다.

참고: 위 예제의 경우 $\mathbb{R}$이 연결집합이라는 것을 이용하면 매우 쉽게 증명할 수 있다. 즉, 만일 $A \subset \mathbb{R}$, $A \neq \phi$, $A \neq \mathbb{R}$이며 A가 동시에 열린 집합이면서 닫힌 집합이라고 가정하면, A와 A^c는 모두 열린 집합이고

$$\mathbb{R} = A \cup A^c, \quad \mathbb{R} \cap A \neq \phi, \quad \mathbb{R} \cap A^c \neq \phi, \quad A \cap A^c = \phi$$

이므로 $\mathbb{R}$은 연결집합이 아니어야 하는데 이것은 모순이다.

필수예제 5.4.9. Cantor 집합은 컴팩트임을 보여라.

풀이: 닫힌 구간 $[0, 1]$의 중앙에서 길이 $\frac{1}{3}$만큼의 열린 구간을 제거하고, 남은 두 개의 닫힌 구간 각각의 중앙에서 다시 그 길이의 $\frac{1}{3}$인 $\frac{1}{9}$만큼의 열린 구간을 제거하고, 다시 남은 네 개의 닫힌 구간 각각의 중앙에서 그 길이의 $\frac{1}{3}$인 $\frac{1}{27}$만큼의 열린 구간을 제거한다. 그리고 이와 같은 과정을 무한히 반복하면 Cantor 집합(Cantor set)가 얻어진다.

즉

$$\begin{aligned}
A_1 &= [0, 1], \\
A_2 &= \left[0, \frac{1}{3}\right] \cup \left[\frac{2}{3}, 1\right], \\
A_3 &= \left[0, \frac{1}{9}\right] \cup \left[\frac{2}{9}, \frac{3}{9}\right] \cup \left[\frac{6}{9}, \frac{7}{9}\right] \cup \left[\frac{8}{9}, 1\right], \\
&\cdots\cdots\cdots\cdots\cdots\cdots\cdots\cdots
\end{aligned}$$

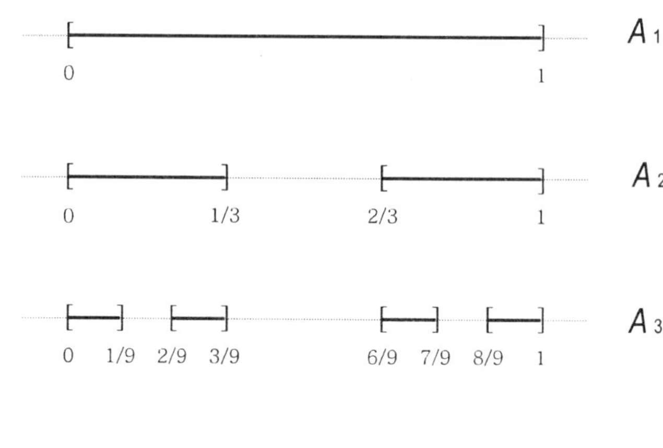

그림 5.4.1: 예제 5.4.9의 Cantor 집합을 설명하는 그림

이라고 할 때 Cantor 집합 C는

$$C = \bigcap_{n=1}^{\infty} A_n$$

이 된다. (그림 5.4.1 참조)

그런데 각 A_n은 유한개(2^{n-1}개)의 닫힌 구간들의 합집합이므로 닫힌 집합이고, C는 닫힌 집합인 A_n들의 교집합이므로 역시 닫힌 집합이다. 또한 C는 $[0,1]$의 부분집합이므로 유계이다. 결국 C는 $\mathbb{R}$에서 유계인 닫힌 집합이므로 컴팩트이다.

참고: Cantor 집합의 가장 대표적인 성질은 측도가 0인 비가산집합이라는 점이다. 측도(measure)의 개념은 보통 실해석학에서 자세히 다루게 되는데, 만일 $A \subset \mathbb{R}$가 구간인 경우 A의 측도는 구간의 길이가 되며, 구간이 아닐 경우에는 이를 일반화하여 측도를 정의할 수 있다. 예를 들어 A가 서로소인 가산 개의 구간들의 합집합으로 표현되는 경우, 즉

$$A = \bigcup_{n=1}^{\infty} I_n$$

인 경우 A의 측도는 각 구간 I_n의 길이의 합이 된다.

위 예에서 Cantor 집합 C에 속하지 않은 구간들의 길이를 전체 구간의 길이 1에서 계속 빼 나가면 결국 C의 측도가 0임을 알 수 있다. 다시 말하면

$$C\text{의 측도 } = 1 - \frac{1}{3} - 2\,\frac{1}{3^2} - 2^2\,\frac{1}{3^3} - 2^3\,\frac{1}{3^4} - \cdots = 1 - \frac{\frac{1}{3}}{1-\frac{2}{3}} = 0$$

이다.

그리고 Cantor 집합 C는 삼진수 전개를 했을 때 다음과 같이 표현되는 수로 이루어진 집합임을 쉽게 알 수 있다.

$$0.\,x_1\,x_2\,x_3\,\ldots \quad \big(\text{각 } x_i\text{는 } 0\text{이거나 } 2\ (i \in \mathbb{N})\big)$$

이를 통해 C가 비가산집합임을 쉽게 보일 수 있다. 왜냐하면 만일 C가 가산이라고 하면

$$C = \left\{x^{(1)},\, x^{(2)},\, x^{(3)},\, \cdots\right\}$$

로 나타낼 수 있는데 이 경우 각 $x^{(i)}$를 삼진수 전개하여

$$0.\,x_1^{(i)}\,x_2^{(i)}\,x_3^{(i)}\,\ldots$$

으로 나타냈을 때 만일 $x_i^{(i)} = 0$이면 $y_i = 2$, $x_i^{(i)} = 2$이면 $y_i = 0$ $(i \in \mathbb{N})$으로 하여 만든 수인

$$y = 0.\,y_1\,y_2\,y_3\,\ldots$$

을 생각하면 $y \in C$이지만 각 $x^{(i)}$와는 다른 수이므로 C에 속할 수 없다. 이는 모순이며 결국 C는 비가산집합이다.

또한 고립점을 포함하지 않는 닫힌 집합을 보통 **완전집합**(perfect set)이라 부르는데, Cantor 집합은 완전집합도 된다. 일반적으로 $\mathbb{R}^n$에 속하는 공집합이 아닌 완전집합은 모두 비가산이다.

필수예제 5.4.10. 다음 함수 $f : \mathbb{R} \to \mathbb{R}$는 고른 연속임을 보여라.

$$f(x) = \sin x$$

풀이: $\frac{d}{dx}\sin x = \cos x$이므로 평균값 정리를 사용하면, 임의의 실수 x, y에 대하여 적당한 실수 ξ가 x와 y 사이에 존재하여 다음을 만족한다.

$$\sin x - \sin y = (\cos\xi)\ (x-y)$$

따라서

$$|\sin x - \sin y| = |\cos\xi|\ |x-y| \le |x-y|$$

이다. 그러므로 임의의 $\varepsilon > 0$에 대하여 $\delta = \varepsilon > 0$으로 잡으면

$$|x-y| < \delta \implies |\sin x - \sin y| \le |x-y| < \delta = \varepsilon$$

이다. 즉 f는 고른 연속이다.

참고: 위 예제를 일반화하면 다음을 보일 수 있다:

함수 $f : \mathbb{R} \to \mathbb{R}$가 실수 전체에서 미분가능하며 $f'(x)$가 유계이면 f는 $\mathbb{R}$에서 고른 연속이다. (예제 6.4.4 참조)

필수예제 5.4.11. 다음 함수 $f : \mathbb{R} \to \mathbb{R}$는 고른 연속임을 보여라.

$$f(x) = \frac{1}{1+x^2}$$

풀이: 임의의 $\varepsilon > 0$에 대하여 $\delta = \varepsilon > 0$이라 하면 $|x-y| < \delta$일 때,

$$\begin{aligned}
|f(x) - f(y)| &= \left|\frac{1}{1+x^2} - \frac{1}{1+y^2}\right| \\
&= \frac{|x+y||x-y|}{(1+x^2)(1+y^2)} \\
&\le \left(\frac{|x|}{(1+x^2)(1+y^2)} + \frac{|y|}{(1+x^2)(1+y^2)}\right)|x-y| \\
&\le \left(\frac{|x|}{1+x^2} + \frac{|y|}{1+y^2}\right)|x-y| \\
&\le \left(\frac{1}{2} + \frac{1}{2}\right)|x-y| \\
&= |x-y| \\
&< \delta \\
&= \varepsilon
\end{aligned}$$

이므로 고른 연속이다.

보충설명: 임의의 실수 x에 대하여

$$1 - 2|x| + x^2 = (1 - |x|)^2 \geq 0$$

이므로

$$1 + x^2 \geq 2|x|$$

이다. 따라서

$$\frac{|x|}{1 + x^2} \leq \frac{1}{2}$$

이다.

참고: 위 예제의 경우에도 함수 f의 미분인

$$f'(x) = -\frac{2x}{(1 + x^2)^2}$$

가 유계임을 이용하여 f가 고른 연속이 됨을 보일 수도 있다.

다음 예제는 f'이 유계임을 이용하여 f가 고른 연속이 됨을 보이고 있다.

필수예제 5.4.12. 함수 $f : \mathbb{R} \to \mathbb{R}$가

$$f(x) = \begin{cases} x^2 \sin \frac{1}{x} & (x \neq 0\text{일 때}) \\ 0 & (x = 0\text{일 때}) \end{cases}$$

로 주어질 때 f가 $\mathbb{R}$ 상에서 고른 연속인지 아닌지를 판별하라.

풀이: 우선 f가 실수 전체에서 미분가능하고 f'이 유계임을 보이자.

$h \to 0$일 때

$$\left| h \sin \frac{1}{h} \right| \leq |h| \to 0$$

이므로

$$\lim_{h \to 0} \frac{f(h) - f(0)}{h} = \lim_{h \to 0} \frac{h^2 \sin \frac{1}{h}}{h} = \lim_{h \to 0} h \sin \frac{1}{h} = 0$$

이다. 따라서 f는 원점에서 미분가능하고 $f'(0) = 0$이다. 또한 $x \neq 0$인 경우

$$f'(x) = 2x \sin \frac{1}{x} - \cos \frac{1}{x}$$

인데, $t = \dfrac{1}{x}$로 두면

$$\left|x \sin \frac{1}{x}\right| = \left|\frac{\sin \frac{1}{x}}{\frac{1}{x}}\right| = \left|\frac{\sin t}{t}\right| \leq 1 \quad (\Leftarrow |\sin t| \leq |t|,\ \text{그림 2.4.1 참조})$$

이다. 그러므로

$$|f'(x)| = \left|2x \sin \frac{1}{x} - \cos \frac{1}{x}\right| \leq \left|2x \sin \frac{1}{x}\right| + \left|\cos \frac{1}{x}\right| \leq 3$$

이다. 결국 임의의 실수 x에 대하여

$$|f'(x)| \leq 3$$

임을 안다.

이제 임의의 $\varepsilon > 0$에 대하여 $\delta = \dfrac{\varepsilon}{3} > 0$이라 두면 $x \in \mathbb{R}$, $y \in \mathbb{R}$이고 $|x-y| < \delta$일 때, 평균값 정리에 의하여 적당한 실수 c가 x와 y 사이에 존재하여

$$f(x) - f(y) = f'(c)(x - y)$$

이므로

$$|f(x) - f(y)| = |f'(c)(x - y)| \leq 3|x - y| < 3\delta = 3\frac{\varepsilon}{3} = \varepsilon$$

이다. 결국 f는 $\mathbb{R}$ 상에서 고른 연속이다.

필수예제 5.4.13. 거리공간 (X, d)의 컴팩트 부분집합 A에 대하여 연속함수

$$f : A \to \mathbb{R}$$

가 다음을 만족한다고 하자:

$$\text{임의의 } x \in A\text{에 대하여 } f(x) > 0.$$

그러면 적당한 상수 $\alpha > 0$가 존재하여 임의의 $x \in A$에 대하여

$$f(x) > \alpha$$

임을 보여라.

풀이: f는 컴팩트 집합 A에서 정의된 연속함수이므로 최소값 β를 갖는다. 즉 적당한 $c \in A$가 존재하여, 임의의 $x \in A$에 대하여 다음을 만족한다.

$$f(x) \geq \beta = f(c)$$

또한 문제의 조건으로부터 $f(c) > 0$이므로 $\beta > 0$이다. 따라서 $\alpha = \frac{\beta}{2} > 0$라고 하면 임의의 $x \in A$에 대하여

$$f(x) \geq \beta > \frac{\beta}{2} = \alpha$$

이다.

필수예제 5.4.14. $\mathbb{R}$의 부분집합 $A \neq \phi$와 $B \neq \phi$가 $A \cap B = \phi$이고 A는 닫힌 집합이며 B는 컴팩트라 하자.

$$d = \inf\{|x - y| : x \in A,\ y \in B\}$$

라고 하면 $d > 0$임을 보여라.

풀이: $d \geq 0$인 것은 자명하므로 $d \neq 0$임을 보이면 된다. 귀류법을 써서 증명하자. 즉, 만일 $d = 0$이라면 d의 정의와 하한의 성질(정리 2.1.10)에 의하면 임의의 자연수 n에 대하여, $x_n \in A$과 $y_n \in B$이 존재하여 다음을 만족한다.

$$|x_n - y_n| < \frac{1}{n}.$$

따라서 $\{x_n\} \subset A$, $\{y_n\} \subset B$이고 다음이 성립한다.

$$y_n - \frac{1}{n} < x_n < y_n + \frac{1}{n} \quad (n \in \mathbb{N}) \tag{5.4.2}$$

그런데 B가 컴팩트이므로 y_n의 수렴하는 부분수열 $\{y_{n_k}\}$가 존재하여

$$y = \lim_{k \to \infty} y_{n_k}$$

라고 할 때 $y \in B$이다. 또한 식 (5.4.2)로부터

$$y_{n_k} - \frac{1}{n_k} < x_{n_k} < y_{n_k} + \frac{1}{n_k} \quad (k \in \mathbb{N})$$

이므로

$$\lim_{k\to\infty} x_{n_k} = y$$

를 얻는다. 그런데 A가 닫힌 집합이므로 $y \in A$이다.

따라서 $y \in A \cap B$이고 이것은 $A \cap B = \phi$에 모순이다. 결국 $d > 0$이다.

참고: 이 문제에서 B가 컴팩트라는 성질이 매우 중요한 역할을 하는 것을 알 수 있다. 만일 B가 컴팩트가 아니라면

$$\begin{aligned} A &= \mathbb{N} = \{1, 2, 3, \dots\}, \\ B &= \left\{ n + \frac{1}{n+1} : n \in \mathbb{N} \right\} = \left\{ 1\frac{1}{2}, 2\frac{1}{3}, 3\frac{1}{4}, \dots \right\} \end{aligned}$$

라고 할 때, A, B 모두 닫힌 집합이며 $A \cap B = \phi$이지만 $d = 0$이다.

필수예제 5.4.15. 다음과 같은 $\mathbb{R}$의 부분집합 A, B에 대하여

연속인 전사함수 $f : A \to B$

가 존재하지 않음을 보여라.

$$A = [0,1] \cup \left\{ 1 + \frac{1}{n} : n = 1, 2, 3, \cdots \right\},$$

$$B = [0,1] \cup \left\{ 2 + \frac{1}{n} : n = 1, 2, 3, \cdots \right\}.$$

풀이: A는 컴팩트이고 f는 연속이므로 만일 연속인 전사함수 $f : A \to B$가 존재한다면 $f(A) = B$도 컴팩트여야 하는데 B는 컴팩트가 아니다. (모순)

따라서 연속인 전사함수 $f : A \to B$는 존재할 수 없다.

보충설명: 위 문제에서 A는 유계인 닫힌 집합이므로 컴팩트이다. 그러나 B는 극한점 2가 B에 속하지 않으므로 닫힌 집합이 아니다. 따라서 B는 컴팩트가 아니다.

필수예제 5.4.16. $f : \mathbb{R} \to \mathbb{R}$가 연속이며

$$\lim_{x\to\infty} f(x) = \lim_{x\to-\infty} f(x) = 0$$

이면 f는 고른 연속임을 보여라.

풀이: 임의의 $\varepsilon > 0$이 주어졌다고 하자. 그러면

$$\lim_{x\to\infty} f(x) = \lim_{x\to-\infty} f(x) = 0$$

이므로 실수 $M > 0$이 존재하여 $|x| > M$인 임의의 x에 대하여

$$|f(x)| < \frac{\varepsilon}{2}$$

이다. 그런데 함수 f는 컴팩트인 구간

$$A = [-2M, 2M]$$

에서 연속이므로 f는 A에서 고른 연속이다. 따라서 $\delta_1 > 0$이 존재하여 다음을 만족한다:

$$x, y \in A\text{이고 } |x-y| < \delta_1 \implies |f(x) - f(y)| < \varepsilon. \tag{5.4.3}$$

이제 $\delta = \min\{\delta_1, M\}$이라 하자.

그러면 $|x-y| < \delta$인 실수 x, y에 대하여 다음 세 가지 경우를 생각할 수 있다.

(i) $|x| \le M$, $|y| \le M$인 경우

$x, y \in A$이고 $|x-y| < \delta \le \delta_1$이므로 식 (5.4.3)에서

$$|f(x) - f(y)| < \varepsilon$$

이다.

(ii) $|x| > M$, $|y| > M$인 경우

$$|f(x) - f(y)| \le |f(x)| + |f(y)| < \frac{\varepsilon}{2} + \frac{\varepsilon}{2} = \varepsilon$$

이다.

(iii) $|x| \le M$, $|y| > M$인 경우

이 경우 $|x-y| < \delta$이므로

$$|y| \le |x| + \delta \le M + M = 2M$$

이다. 결국 $|x| \le 2M$, $|y| \le 2M$이므로 식 (5.4.3)에서 다음을 얻는다.

$$|f(x) - f(y)| < \varepsilon.$$

($|x| > M$, $|y| \le M$인 경우도 같은 방법을 쓰면 된다.)

따라서 어느 경우이건 $|x - y| < \delta$인 실수 x, y에 대하여

$$|f(x) - f(y)| < \varepsilon$$

이 되므로 f는 $\mathbb{R}$에서 고른 연속이다.

필수예제 5.4.17. 함수 $f : \mathbb{R} \to \mathbb{R}$와 $g : \mathbb{R} \to \mathbb{R}$가 모두 유계이며 고른 연속일 때 두 함수의 곱 fg도 $\mathbb{R}$에서 고른 연속임을 보여라.

풀이: 함수 f와 g가 모두 유계이므로 적당한 실수 $M_1 > 0$, $M_2 > 0$가 존재하여 모든 실수 x에 대하여 다음을 만족한다:

$$|f(x)| \le M_1, \quad |g(x)| \le M_2.$$

또한 임의의 $\varepsilon > 0$에 대하여, f가 고른 연속이므로 $\delta_1 > 0$이 존재하여 다음을 만족한다:

$$|x - y| < \delta_1 \implies |f(x) - f(y)| < \frac{\varepsilon}{2M_2}.$$

마찬가지로 g가 고른 연속이므로 $\delta_2 > 0$가 존재하여 다음을 만족한다:

$$|x - y| < \delta_2 \implies |g(x) - g(y)| < \frac{\varepsilon}{2M_1}.$$

따라서 $\delta = \min\{\delta_1, \delta_2\}$라 하면 $\delta > 0$이고, $|x - y| < \delta$일 때

$$\begin{aligned}
|f(x)g(x) - f(y)g(y)| &= |f(x)g(x) - f(x)g(y) + f(x)g(y) - f(y)g(y)| \\
&\le |f(x)g(x) - f(x)g(y)| + |f(x)g(y) - f(y)g(y)| \\
&= |f(x)||g(x) - g(y)| + |f(x) - f(y)||g(y)| \\
&< M_1 \frac{\varepsilon}{2M_1} + \frac{\varepsilon}{2M_2} M_2 \\
&= \varepsilon
\end{aligned}$$

이므로 두 함수의 곱 fg도 $\mathbb{R}$에서 고른 연속이다.

참고: 위 예에서 두 함수 f와 g가 모두 유계라는 가정은 꼭 필요하다. 예를들어 $f(x) = x$, $g(x) = x$라고 하면 f, g는 모두 $\mathbb{R}$에서 정의된 고른 연속인 함수 이지만 그 곱인

$$h(x) = f(x)g(x) = x^2$$

은 $\mathbb{R}$에서 고른 연속이 아니다.

필수예제 5.4.18. $f : [a, b] \to [a, b]$가 연속함수라고 하면 적당한 점 $c \in [a, b]$가 존재하여 $f(c) = c$임을 보여라.

풀이: $g : [a, b] \to [a, b]$를 다음과 같이 정의하자.

$$g(x) = f(x) - x.$$

그러면 g도 연속함수이며 $g(a) = f(a) - a \geq 0$, $g(b) = f(b) - b \leq 0$이다. 따라서 중간값 정리에 의하여 적당한 점 $c \in [a, b]$가 존재하여 $g(c) = 0$, 즉 $f(c) = c$이다.

보충설명: 위 문제에서 만일 $g(a) = 0$이거나 $g(b) = 0$이면 $f(a) = a$이거나 $f(b) = b$이므로 문제는 당연히 성립한다.

만일 $g(a) \neq 0$이고 $g(b) \neq 0$이면 $g(a) > 0$이고 $g(b) < 0$이므로 중간값 정리를 사용하면 된다.

필수예제 5.4.19. $f : \mathbb{R} \to \mathbb{R}$가 증가함수라고 할 때, f의 불연속점 전체의 집합을 A라고 하면 A는 가산집합임을 보여라.

풀이: 우선 열린 구간 $(0, 1)$에 속하는 불연속점이 유한개라는 것을 보이자.

$$j : (0, 1) \to \mathbb{R}, \quad j(x) = f(x+) - f(x-)$$

로 정의하면 f가 증가함수이므로 임의의 $x \in (0, 1)$에 대하여 $j(x) \geq 0$이며 f가 x에서 연속일 필요충분조건은 $j(x) = 0$이다. (보통 $j(x)$를 x에서의 **점프**(jump)

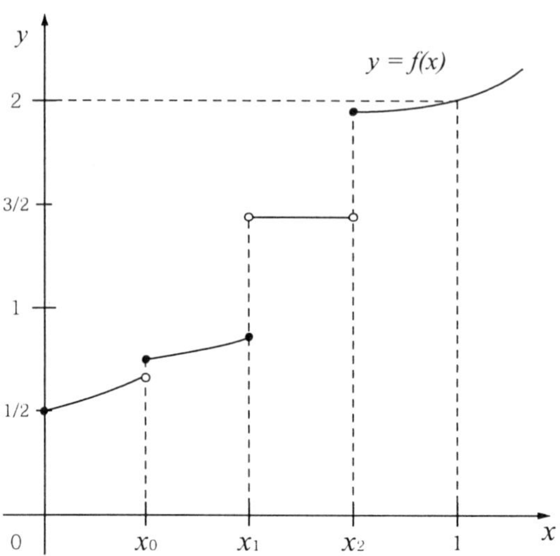

그림 5.4.2: 예제 5.4.19에서 $D_2^{(0,1)}$를 설명하는 그림. 이 그림의 경우 $j(x) > \frac{1}{2}$인 경우는 x_1, x_2 두 개이며, $2\,(f(1) - f(0)) = 3$이므로 최대 3개를 넘을 수 없다.

혹은 뜀이라 부른다.) 따라서 $(0, 1)$에 속하는 f의 불연속점 전체의 집합을 $D^{(0,1)}$이라 하면

$$D^{(0,1)} = \{x \in (0, 1) : j(x) > 0\} = \bigcup_{n=1}^{\infty} D_n^{(0,1)}$$

으로 나타낼 수 있으며, 여기서

$$D_n^{(0,1)} = \left\{x \in (0, 1) : j(x) > \frac{1}{n}\right\}$$

이다. 그런데 자연수 n에 대하여 $D_n^{(0,1)}$에 속하는 원소의 개수는

$$n\,(f(b) - f(a))$$

를 넘을 수 없으므로 유한개이다.(그림 5.4.2 참조) 따라서 $D^{(0,1)}$은 유한집합의 가산 번 합집합이므로 원소의 개수는 가산 개이다. 따라서 닫힌 구간 $[0, 1]$에 속하는 f의 불연속점 전체의 집합의 경우도 역시 가산 개이다. 같은 방법을 적용하면 임의의 자연수 n에 대하여 $[n, n + 1]$에 속하는 f의 불연속점 전체의 집합 $D^{[n,n+1]}$도 역시 가산 개이다. 결국 실수 전체집합 $\mathbb{R}$에 속하는 f의 불연속점의

집합

$$D^{\mathbb{R}} = \bigcup_{n=-\infty}^{\infty} D^{[n,n+1]}$$

의 원소의 개수도 역시 가산 개이다.

필수예제 5.4.20. 거리공간 X, Y와 연속함수 $f : X \to Y$ 및 X에서 조밀한 부분집합 D에 대하여 $f(D)$가 $f(X)$에서 조밀함을 보여라.

풀이: 임의의 $y \in f(X)$와 임의의 $\varepsilon > 0$에 대하여 적당한 $\tilde{y}$가 $f(D) \cap B_\varepsilon(y)$에 존재함을 보이면 된다. (성질 4.1.32 참조)

우선 $y \in f(X)$이므로 $x \in X$가 존재하여 $f(x) = y$이다. 또한

$$A = f^{-1}\left(B_\varepsilon(y)\right)$$

라고 하면 $x \in A$이고 f가 연속함수이므로 A는 열린집합이다. (정리 참조) 따라서 적당한 $\delta > 0$가 존재하여

$$B_\delta(x) \subset A$$

이다. 그런데 D는 X에서 조밀하므로

$$\tilde{x} \in B_\delta(x) \cap D$$

가 존재한다. 이제 $\tilde{y} = f(\tilde{x})$라고 하면

$$\tilde{y} = f(\tilde{x}) \in f\left(B_\delta(x)\right) \subset f(A) = ff^{-1}\left(B_\varepsilon(y)\right) \subset B_\varepsilon(y)$$

이고 $\tilde{y} = f(\tilde{x}) \in f(D)$이므로

$$\tilde{y} \in f(D) \cap B_\varepsilon(y)$$

이다.

제 6 장

미분

6.1 정의, 정리 및 기본성질

정의 6.1.1. 함수 $f:(a,b)\to\mathbb{R}$와 $c\in(a,b)$에 대하여

$$f'(c)=\lim_{x\to c}\frac{f(x)-f(c)}{x-c}$$

라고 정의한다. 이 식의 우변의 극한이 존재하면 함수 f는 $x=c$에서 **미분가능**(differentiable)하다고 말하고 $f'(c)$를 함수 f의 c에서의 **미분**(derivative), **미분값** 혹은 **미분계수** 등으로 부른다. 우변의 극한이 존재하지 않으면 함수 f는 $x=c$에서 **미분불가능**하다고 말한다.

함수 f가 (a,b)에 속하는 모든 점에서 미분가능할 때 f는 (a,b)**에서 미분가능**하다고 말한다.

참고: "함수 f가 c에서 미분가능하다"는 것을 달리 표현하면 "$f'(c)$가 존재한다"이다.

정의 6.1.2. 함수 $f:[a,b]\to\mathbb{R}$와 $c\in[a,b]$에 대하여

$$f'_+(c)=\lim_{x\to c^+}\frac{f(x)-f(c)}{x-c}$$

라고 정의한다. 이 식의 우변의 극한이 존재하면 함수 f는 $x=c$에서 **우미분가능**하다고 말하고 $f'_+(c)$를 함수 f의 c에서의 **우미분**(left derivative), **우미분값** 혹은 **우미분계수** 등으로 부른다.

마찬가지로

$$f'_-(c)=\lim_{x\to c^-}\frac{f(x)-f(c)}{x-c}$$

라고 정의한다. 이 식의 우변의 극한이 존재하면 함수 f는 $x=c$에서 **좌미분가능**하다고 말하고 $f'_-(c)$를 함수 f의 c에서의 **좌미분**(left derivative), **좌미분값** 혹은 **좌미분계수** 등으로 부른다.

함수 $f:[a,b]\to\mathbb{R}$가 (a,b) 위에서 미분가능하고 $f'_+(a)$와 $f_-(b)$가 존재할 때, f는 $[a,b]$**에서 미분가능**하다고 말한다.

정리 6.1.3. 함수 $f:(a,b)\to\mathbb{R}$와 $c\in(a,b)$에 대하여 $f'(c)$가 존재할 필요충분조건은 다음과 같다:

$f'_+(c)$와 $f_-(c)$가 존재하며 $f'_+(c)=f_-(c)$이다.

정리 6.1.4. 함수 f가 $x=c$에서 미분가능하면 f는 $x=c$에서 연속이다.

정리 6.1.5. 함수 f와 g가 c에서 미분가능하면 함수

$$f+g,\ f-g,\ f\cdot g,\ \frac{f}{g}\ \left(g(c)\neq 0\text{일 때}\right)$$

는 c에서 미분가능하고 다음이 성립한다.

1. $(f+g)'(c)=f'(c)+g'(c)$

2. $(f-g)'(c) = f'(c) - g'(c)$

3. $(f \cdot g)'(c) = f'(c) \cdot g(c) + f(c) \cdot g'(c)$

4. $\left(\dfrac{f}{g}\right)'(c) = \dfrac{f'(c)g(c) - f(c)g'(c)}{g(c)^2}$

정리 6.1.6. (연쇄법칙) 함수 f는 c에서 미분가능하고, 함수 g는 $f(c)$에서 미분가능하면 합성함수 $h = g \circ f$는 점 c에서 미분가능하고

$$h'(c) = g'\big(f(c)\big) \cdot f'(c)$$

이다.

정리 6.1.7. (Rolle의 정리) 함수 $f : [a,b] \to \mathbb{R}$가 $[a,b]$에서 연속이고 (a,b)에서 미분가능하며 $f(a) = f(b)$이면

$$f'(c) = 0$$

이 되는 점 $c \in (a,b)$가 존재한다.

정리 6.1.8. (평균값 정리) 함수 $f : [a,b] \to \mathbb{R}$가 $[a,b]$에서 연속이고 (a,b)에서 미분가능하면

$$f'(c) = \frac{f(b) - f(a)}{b - a}$$

이 되는 점 $c \in (a,b)$가 존재한다.

정의 6.1.9. $A \subset \mathbb{R}$이고 함수 $f : A \to \mathbb{R}$가 A에 속하는 임의의 점 x_1, x_2에 대하여

$$x_1 < x_2 \text{이면 } f(x_1) \le f(x_2)$$

를 만족하면 f는 A에서 **증가**(increasing)한다고 한다. 반대로

$$x_1 < x_2 \text{이면 } f(x_1) \geq f(x_2)$$

를 만족하면 f는 A에서 **감소**(decreasing)한다고 한다.

정리 6.1.10. I를 $\mathbb{R}$에 속하는 구간이라 하고 함수 $f : I \to \mathbb{R}$가 I에서 미분가능할 때

1. $f'(x) \geq 0$이면 f는 I에서 증가한다.

2. $f'(x) \leq 0$이면 f는 I에서 감소한다.

3. $f'(x) = 0$이면 f는 I에서 상수함수이다.

정의 6.1.11. I를 $\mathbb{R}$에 속하는 구간이라 할 때 함수 $f : I \to \mathbb{R}$가 다음을 만족하면 f는 $c \in \mathbb{R}$에서 **극대값**(local maximum)을 갖는다고 말한다:

$$\delta > 0\text{가 존재하여 } |x - c| < \delta\text{인 모든 } x \in I\text{에 대하여 } f(x) \leq f(c)\text{이다.}$$

반대로 다음을 만족하면 f는 $c \in \mathbb{R}$에서 **극소값**(local minimum)을 갖는다고 말한다:

$$\delta > 0\text{가 존재하여 } |x - c| < \delta\text{인 모든 } x \in I\text{에 대하여 } f(x) \geq f(c)\text{이다.}$$

극대값이나 극소값을 통틀어 **극값**(local extremum)이라 부른다.

정리 6.1.12. 함수 $f : [a, b] \to \mathbb{R}$가 $c \in (a, b)$에서 극값을 갖고 f가 c에서 미분가능하면 $f'(c) = 0$이다.

주의: 극값의 정의에서 함수 f의 연속성이나 미분가능성은 전혀 언급하고 있지 않음에 주의해야 한다. 즉, f가 c에서 극값을 갖는 경우 c에서 불연속일 수도 있고, 연속이긴 하지만 미분불가능인 경우도 있다. 예를 들어

$$f : \mathbb{R} \to \mathbb{R}, \quad f(x) = |x|$$

라 하면 f는 0에서 극소값(이 경우 실제로는 최소값이 된다.)을 갖지만 f는 0에서 미분불가능하다.

정리 6.1.13. (역함수 정리) 함수 $f : (a, b) \to \mathbb{R}$가 (a, b)에서 미분가능하고 모든 $x \in (a, b)$에 대하여 $f'(x) > 0$이면 f의 역함수 $g : f[(a, b)] \to \mathbb{R}$가 존재하여 다음을 만족한다:

g는 $f[(a, b)]$의 모든 점에서 미분가능하고

$$g'(f(x)) = \frac{1}{f'(x)}$$

이다.

정리 6.1.14. (Cauchy의 확장된 평균값 정리) 함수 $f : [a, b] \to \mathbb{R}$와 $g : [a, b] \to \mathbb{R}$가 모두 $[a, b]$에서 연속이고 (a, b)에서 미분가능하며 $g'(x) \neq 0$ $(a < x < b)$라 하면 적당한 실수 $c \in (a, b)$가 존재하여 다음을 만족한다:

$$\frac{f(b) - f(a)}{g(b) - g(a)} = \frac{f'(c)}{g'(c)}.$$

정리 6.1.15. (로피탈의 법칙, L'Hospital's rule)
함수 $f : [a, b] \to \mathbb{R}$와 $g : [a, b] \to \mathbb{R}$가 모두 (a, b)에서 미분가능하고 $g'(x) \neq 0$ $a < x < b$이라고 하자. 이 때

$$\lim_{x \to a^+} f(x) = 0, \quad \lim_{x \to a^+} g(x) = 0$$

이거나

$$\lim_{x\to a^+} f(x) = \pm\infty, \quad \lim_{x\to a^+} g(x) = 0 \pm \infty$$

라고 가정하자. (즉, $\frac{0}{0}$ 혹은 $\frac{\infty}{\infty}$ 형태의 부정형이다.) 그러면 다음이 성립한다.

1. 만일 $\lim_{x\to a^+} \frac{f'(x)}{g'(x)} = L \in \mathbb{R}$이면

$$\lim_{x\to a^+} \frac{f(x)}{g(x)} = \lim_{x\to a^+} \frac{f'(x)}{g'(x)} = L,$$

2. 만일 $\lim_{x\to a^+} \frac{f'(x)}{g'(x)} = \infty$이면

$$\lim_{x\to a^+} \frac{f(x)}{g(x)} = \lim_{x\to a^+} \frac{f'(x)}{g'(x)} = \infty,$$

3. 만일 $\lim_{x\to a^+} \frac{f'(x)}{g'(x)} = -\infty$이면

$$\lim_{x\to a^+} \frac{f(x)}{g(x)} = \lim_{x\to a^+} \frac{f'(x)}{g'(x)} = -\infty$$

이다.

참고: 위 정리에서의 우극한을 좌극한으로 바꿔도 정리가 성립한다. (이 경우 좌극한이 계산되어야하므로 f, g가 정의되는 영역도 바꾸어 주어야 한다.). 물론 양쪽 극한이 모두 존재하는 경우에는 한쪽 방향의 극한 대신 극한으로 바꾸어 줄 수 있다. 또한 위의 정리에서 $x \to \infty$이거나 $x \to -\infty$인 경우에도 같은 정리가 성립한다.

정의 6.1.16. 구간 $I \subset \mathbb{R}$와 함수 $f : I \to \mathbb{R}$에 대하여 만일 I에 속하는 모든 점에서 f의 n계 도함수 $f^{(n)}$이 존재하고 $f^{(n)}$이 연속이면 f는 I에서 C^n**급 함수**(function of class C^n)라 부르며 $f \in C^n(I)$로 나타낸다. 또한 f가 모든 자연수 n에 대하여 C^n급 함수일 때 C^∞**급 함수**(function of class C^∞)라 부르며 $f \in C^\infty(I)$로 나타낸다.

참고: f가 I에서 연속일 때 $f \in C(I)$로 나타낸다. 따라서 다음 포함관계가 성립한다.

$$C(I) \subset C^1(I) \subset C^2(I) \subset C^3(I) \subset \cdots$$

또한 임의의 자연수 n에 대하여

$$C^n(I) \subset C^\infty(I)$$

임을 알 수 있다.

그리고 $I = (a, b)$인 경우에는 $C^n(a, b)$, $C^\infty(a, b)$ 등으로도 나타낸다.

정리 6.1.17. (Taylor 정리) 실수의 한 구간 I와 함수 $f : I \to \mathbb{R}$ 및 $x_0 \in I$에 대하여 만일 $f \in C^n(I)$이고 $f^{(n+1)}$이 I에서 존재하면, 각 $x \in I$에 대하여 ξ가 x_0와 x 사이에 존재하여

$$f(x) = P_n(x) + R_n(x)$$

와 같이 표현되는데, 여기서

$$P_n(x) = f(x_0) + f'(x)(x - x_0) + \frac{f''(x_0)}{2!}(x - x_0)^2 + \cdots + \frac{f^{(n)}(x_0)}{n!}(x - x_0)^n$$

이며

$$R_n(x) = \frac{f^{(n+1)}(\xi)}{(n+1)!}(x - x_0)^{n+1}$$

이다.

정의 6.1.18. 위 정리에서 $P_n(x)$를 함수 f의 a에서의 n차 **Taylor 다항식**(Taylor polynomial)이라 부른다. 또한 $R_n(x)$를 **나머지**(remainder)라 부른다.

정의 6.1.19. 실수의 한 구간 I와 함수 $f : I \to \mathbb{R}$에 대하여 $f \in C^\infty(I)$이고 $x_0 \in I$일 때

$$\sum_{n=0}^{\infty} \frac{f^{(n)}(x_0)}{n!}(x - x_0)^n = f(x_0) + f'(x)(x - x_0) + \frac{f''(x_0)}{2!}(x - x_0)^2 + \cdots$$

을 f의 x_0에서의 **Taylor 급수**(Taylor series)라 부른다.

특히 $x_0 = 0$일 때의 Taylor 급수인

$$\sum_{n=0}^{\infty} \frac{f^{(n)}(0)}{n!} x^n = f(0) + f'(0)x + \frac{f''(0)}{2!} x^2 + \cdots$$

를 f의 **Maclaurin 급수**(Maclaurin series)라 부른다.

정리 6.1.20. 실수의 한 구간 I와 함수 $f : I \to \mathbb{R}$에 대하여 $f \in C^\infty(I)$이고 $x_0 \in I$일 때 모든 $x \in I$에 대하여

$$f(x) = \sum_{n=0}^{\infty} \frac{f^{(n)}(x_0)}{n!} (x - x_0)^n$$

일 필요충분조건은 모든 $x \in I$에 대하여

$$\lim_{n\to\infty} R_n(x) = 0$$

인 것이다. 즉, 함수 f가 f의 Taylor 급수와 일치할 필요충분조건은 나머지의 극한이 0인 것이다.

6.2 O, X 문제

다음 명제들에 대하여 참인 것에는 O, 거짓인 것에는 X로 표시하라.

1. 함수 $f:(0,1)\to\mathbb{R}$가 $x\in(0,1)$에서 연속이 아니면 x에서 미분불가능하다. ( )

2. $f(x)=\cos x - x$일 때 열린 구간 $(0,\frac{\pi}{2})$에 $f(c)=0$인 c가 적어도 하나 존재한다. ( )

3. $f(x)=\sin\frac{\pi}{2}x$이면 $f'(c)=1$이 되는 점 $c\in(0,1)$가 존재한다. ( )

4. 함수 $f:(0,1)\to\mathbb{R}$가 $(0,1)$에서 미분가능하며 f'이 $(0,1)$에서 유계이면 f는 $(0,1)$에서 고른 연속이다. ( )

5. $\lim_{x\to 0^+} x^x = 0$이다. ( )

6. 함수 $f:[-1,1]\to\mathbb{R}$가 $[-1,1]$에서 연속이고 $x=0$에서 극대값을 가지면 $f'(0)=0$이다. ( )

7. 함수 $f:[0,1]\to\mathbb{R}$가 $[0,1]$에서 연속이고 임의의 $x\in(0,1)$에서 $f'(x)=0$이면 f는 상수함수이다. ( )

8. 함수 $f:\mathbb{R}\to\mathbb{R}$가 $f\in C^\infty$이고 f의 Maclaurin 급수가 수렴하면 f는 f의 Maclarin 급수와 일치한다. ( )

O, X 문제 정답 및 해설

정답:

문제	1	2	3	4	5	6	7	8
정답	O	O	O	O	X	X	O	X

해설:

1. 정답: O

   미분가능하면 연속이므로 그 대우를 취하면, 연속이 아니면 미분불가능하다.

2. 정답: O

   f는 연속이며 $f(0) = 1 > 0$이고 $f(\frac{\pi}{2}) = -\frac{\pi}{2} < 0$이므로 중간값 정리에 의하여 f의 근이 $(0, \frac{\pi}{2})$에 적어도 하나 존재한다.

   참고: 이 문제의 경우 실제로는 유일한 근을 갖는다. (예제 6.3.1 참조)

3. 정답: O

   $f(0) = 0$, $f(1) = 1$이므로 평균값의 정리를 적용하면

   $$f'(c) = \frac{f(1) - f(0)}{1 - 0} = 1$$

   인 점 $c \in (0, 1)$가 존재한다.

4. 정답: O

   함수 f의 미분이 유계이면 f는 고른 연속이다. (예제 6.4.4 참조)

5. 정답: X

로피탈의 법칙을 적용하면

$$\lim_{x\to 0^+} x\ln x = \lim_{x\to 0^+} \frac{\ln x}{\frac{1}{x}} = \lim_{x\to 0^+} \frac{\frac{1}{x}}{-\frac{1}{x^2}} = \lim_{x\to 0^+}(-x) = 0$$

이며, 함수 $f(x) = e^x$는 모든 실수에서 연속이므로

$$\lim_{x\to 0^+} x^x = \lim_{x\to 0^+} e^{x\ln x} = e^{\left(\lim\limits_{x\to 0^+} x\ln x\right)} = e^0 = 1$$

이다.

6. 정답: X

극대값을 갖는 점에서 미분불가능일 수 있다. 예를 들어 $f(x) = -|x|$ 라고 하면 f는 $x = 0$에서 극대값을 갖지만 그 점에서 미분불가능이다.

7. 정답: O

평균값 정리를 적용하면 f가 상수 함수임을 알 수 있다. (예제 6.4.3 참조)

8. 정답: X

Maclarin 급수가 수렴한다고 해서 f와 항상 일치하는 것은 아니다. (예제 6.4.8 참조)

6.3 기본예제

기본예제 6.3.1. 다음 함수 $f : [0, \frac{\pi}{2}] \to \mathbb{R}$는 열린 구간 $(0, \frac{\pi}{2})$에서 유일한 근을 갖는 것을 보여라.

$$f(x) = \cos x - x$$

풀이: f는 연속함수이며 $f(0) = 1 > 0$이고 $f(\frac{\pi}{2}) = -\frac{\pi}{2} < 0$이므로 중간값 정리를 적용하면 f는 열린 구간 $(0, \frac{\pi}{2})$에서 적어도 하나의 근을 갖는다.

이제 근이 유일하다는 것을 보이자.

$$f'(x) = -\sin x - 1 \leq 0$$

이므로 f는 감소하고 특히 $(0, \frac{\pi}{2})$에서는 $\sin x > 0$이므로

$$f'(x) < 0$$

임을 알 수 있다. 즉, f는 $(0, \frac{\pi}{2})$에서 순감소한다. 따라서 f는 $(0, \frac{\pi}{2})$에서 유일한 근을 갖는다.

보충설명: $(0, \frac{\pi}{2})$에서 근이 적어도 하나 존재하고 $f'(x) < 0$ $\left(x \in (0, \frac{\pi}{2})\right)$이면 근이 단 하나 밖에 없다는 것은 f의 그래프를 그려보면 쉽게 이해할 수 있지만, 좀 더 자세한 설명은 다음과 같다:

만일

$$f'(x) < 0 \quad \left(x \in \left(0, \frac{\pi}{2}\right)\right) \tag{6.3.1}$$

이고 $(0, \frac{\pi}{2})$에서 f의 서로 다른 두 근이 존재한다면, 즉 $c_1 \neq c_2$이고

$$f(c_1) = f(c_2) = 0$$

이면 Rolle의 정리에 의하여 적당한 c가 c_1, c_2 사이에 존재하여 $f'(c) = 0$이어야 하므로 식 (6.3.1)에 모순이다.

기본예제 6.3.2. 다음 함수 $f : \mathbb{R} \to \mathbb{R}$는 실수의 모든 점에서 미분가능함을 보여라.

$$f(x) = \begin{cases} x^2 \sin \frac{1}{x} & (x \neq 0\text{일 때}) \\ 0 & (x = 0\text{일 때}) \end{cases}$$

풀이: f가 $x \neq 0$일 때 미분가능한 것은 자명하므로 $x = 0$일 때의 미분가능성을 보이면 된다. 그런데

$$f'(0) = \lim_{h \to 0} \frac{f(0+h) - f(0)}{h} = \lim_{h \to 0} \frac{h^2 \sin \frac{1}{h} - 0}{h} = \lim_{h \to 0} h \sin \frac{1}{h} = 0$$

이므로 미분가능하다.

보충설명: 위 문제에서

$$\lim_{h \to 0} h \sin \frac{1}{h} = 0$$

인 것은 다음과 같이 보일 수 있다:

$$\left| h \sin \frac{1}{h} \right| \leq |h|$$

이므로 $h \to 0$일 때 $h \sin \frac{1}{h} \to 0$이다.

기본예제 6.3.3. 다음 함수 $f : \mathbb{R} \to \mathbb{R}$는 $x = 0$인 점에서 미분불가능함을 보여라.

$$f(x) = \begin{cases} x \sin \frac{1}{x} & (x \neq 0\text{일 때}) \\ 0 & (x = 0\text{일 때}) \end{cases}$$

풀이:

$$\lim_{h \to 0} \frac{f(0+h) - f(0)}{h} = \lim_{h \to 0} \frac{h \sin \frac{1}{h} - 0}{h} = \lim_{h \to 0} \sin \frac{1}{h}$$

의 극한이 존재하지 않으므로 f는 0에서 미분불가능이다.

기본예제 6.3.4. 다음 함수 $f : \mathbb{R} \to \mathbb{R}$의 $x = 0$인 점에서의 미분가능성을 조사하라.

$$f(x) = \begin{cases} x & (x \geq 0\text{일 때}) \\ 0 & (x < 0\text{일 때}) \end{cases}$$

풀이: $h > 0$에 대하여

$$f'_+(0) = \lim_{h\to 0} \frac{f(0+h)-f(0)}{h} = \lim_{h\to 0} \frac{h-0}{h} = 1$$

이지만, $h < 0$에 대하여는

$$f'_-(0) = \lim_{h\to 0} \frac{f(0+h)-f(0)}{h} = \lim_{h\to 0} \frac{0-0}{h} = 0$$

이다. 결국 $f'_+(0) \neq f'_-(0)$이므로 f는 0에서 미분불가능이다.

기본예제 6.3.5. 다음 함수 $f : \mathbb{R} \to \mathbb{R}$의 $x = 0$인 점에서의 미분가능성을 조사하라.

$$f(x) = \begin{cases} x^2 & (x \geq 0\text{일 때}) \\ 0 & (x < 0\text{일 때}) \end{cases}$$

풀이: $h > 0$에 대하여

$$f'_+(0) = \lim_{h\to 0} \frac{f(0+h)-f(0)}{h} = \lim_{h\to 0} \frac{h^2-0}{h} = \lim_{h\to 0} h = 0$$

이며, $h < 0$에 대하여도

$$f'_-(0) = \lim_{h\to 0} \frac{f(0+h)-f(0)}{h} = \lim_{h\to 0} \frac{0-0}{h} = 0$$

이다. 결국 $f'_+(0) = 0 = f'_-(0)$이므로 f는 0에서 미분가능하고 $f'(0) = 0$이다.

기본예제 6.3.6. 다음 함수 $f : \mathbb{R} \to \mathbb{R}$의 $x = 0$인 점에서의 미분가능성을 조사하고 미분가능한 경우 미분값을 구하라.

$$f(x) = \begin{cases} x^2 & (x\text{가 유리수일 때}) \\ 0 & (x\text{가 무리수일 때}) \end{cases}$$

풀이:

$$\left| \frac{f(0+h)-f(0)}{h} \right| \leq \left| \frac{h^2}{h} \right| = |h| \to 0 \quad (h \to 0\text{일 때})$$

이므로 f는 0에서 미분가능하고

$$f'(0) = \lim_{h\to 0} \frac{f(0+h)-f(0)}{h} = 0$$

이다.

6.4 필수예제

필수예제 6.4.1. 임의의 실수 x, y에 대하여 다음 부등식이 성립함을 보여라.

$$|\sin x - \sin y| \le |x - y|$$

풀이: 평균값 정리에 의하여, 임의의 실수 x, y에 대하여 적당한 실수 c가 x와 y 사이에 존재하여 다음 식을 만족한다:

$$\sin x - \sin y = (\cos c)\,(x - y).$$

따라서

$$|\sin x - \sin y| = |\cos c|\,|x - y| \le |x - y|.$$

이다.

필수예제 6.4.2. 평균값 정리를 사용하여 임의의 실수 $x \neq 0$에 대하여 다음 부등식이 성립함을 보여라.

$$\frac{1}{1+x^2} < \ln\left(1 + \frac{1}{x^2}\right) < \frac{1}{x^2}.$$

풀이:

$$\ln\left(1 + \frac{1}{x^2}\right) = \ln\left(\frac{x^2+1}{x^2}\right) = \ln(x^2+1) - \ln(x^2)$$

이며 $\ln t$의 미분은 $\frac{1}{t}$이므로 평균값 정리에 의하면 적당한 실수 c가 x^2과 x^2+1 사이에 존재하여 다음을 만족한다:

$$\ln\left(1 + \frac{1}{x^2}\right) = \frac{1}{c}\{(x^2+1) - x^2\} = \frac{1}{c}$$

또한 $x^2 < c < x^2 + 1$이므로

$$\frac{1}{x^2+1} < \frac{1}{c} < \frac{1}{x^2}$$

이다. 따라서

$$\frac{1}{1+x^2} < \ln\left(1 + \frac{1}{x^2}\right) < \frac{1}{x^2}.$$

임을 알 수 있다.

필수예제 6.4.3. 임의의 실수 $x \in (a,b)$에 대하여 $f'(x) = 0$이면 f는 (a,b)에서 상수 함수임을 보여라.

풀이: $x_0 \in (a,b)$라고 하자. 그러면 임의의 실수 $x \in (a,b)$에 대하여 평균값 정리를 적용하면, 적당한 실수 c가 x_0와 x 사이에 존재하여 다음을 만족한다.

$$f(x) - f(x_0) = f'(c)(x - x_0) = 0 \quad (\Leftarrow f'(c) = 0)$$

따라서 $f(x) = f(x_0)$이다. 즉 f는 상수함수이다.

필수예제 6.4.4. 미분가능한 함수 $f : \mathbb{R} \to \mathbb{R}$에 대하여 $f'(x)$가 $\mathbb{R}$에서 유계이면 f는 $\mathbb{R}$에서 고른 연속임을 보여라.

풀이: f'이 유계이므로 적당한 상수 $M > 0$이 존재하여 다음을 만족한다:

$$|f(x)| \leq M \quad (x \in \mathbb{R}).$$

우선, 임의의 $\varepsilon > 0$에 대하여 $\delta = \dfrac{\varepsilon}{M} > 0$이라고 두자. 이제 $|x - y| < \delta$인 임의의 실수 x, y에 대하여 평균값 정리를 적용하면 적당한 실수 c가 x와 y 사이에 존재하여 다음을 만족한다.

$$f(x) - f(y) = f'(c)(x - y)$$

따라서

$$|f(x) - f(y)| = |f'(c)||x - y| < M\delta = M\frac{\varepsilon}{M} = \varepsilon$$

이다. 결국 f는 $\mathbb{R}$에서 고른 연속이다.

필수예제 6.4.5. 함수 $f : \mathbb{R} \to \mathbb{R}$가 $\mathbb{R}$상에서 4번 미분가능하고 모든 $x \in \mathbb{R}$에 대하여 $f^{(4)}(x) \geq 0$이며 $f''(0) \geq 0$이라 하자. 그러면 임의의 $x \in \mathbb{R}$에 대하여 다음이 성립함을 보여라.

$$f(0) \leq \frac{f(x) + f(-x)}{2}.$$

풀이: 임의의 실수 x에 대하여 Taylor 정리를 적용하면 적당한 실수 c_1, c_2가 존재하여 다음 식을 만족한다:

$$f(x) = f(0) + f'(0)x + \frac{f''(0)}{2!}x^2 + \frac{f'''(0)}{3!}x^3 + \frac{f^{(4)}(c_1)}{4!}x^4,$$

$$f(-x) = f(0) - f'(0)x + \frac{f''(0)}{2!}x^2 - \frac{f'''(0)}{3!}x^3 + \frac{f^{(4)}(c_2)}{4!}x^4.$$

따라서

$$\begin{aligned} f(x) + f(-x) &= 2f(0) + f''(0)x^2 + \frac{1}{24}x^4\big(f^{(4)}(c_1) + f^{(4)}(c_2)\big) \\ &\geq 2f(0) \end{aligned}$$

이며 결국 다음을 얻는다.

$$f(0) \leq \frac{f(x) + f(-x)}{2}.$$

필수예제 6.4.6. 임의의 실수 x에 대하여 다음 부등식이 성립함을 보여라.

$$2 + x^2 \leq e^x + e^{-x}$$

풀이: $f(x) = e^x + e^{-x}$라 하면

$$f'(x) = f'''(x) = e^x - e^{-x}, \quad f''(x) = f^{(4)}(x) = e^x + e^{-x}$$

이므로

$$f(0) = f''(0) = 2, \quad f'(0) = f'''(0) = 0$$

이다. 따라서 Taylor 정리로부터 적당한 c에 대하여

$$\begin{aligned} f(x) &= f(0) + f'(0)x + \frac{f''(0)}{2!}x^2 + \frac{f'''(0)}{3!}x^3 + \frac{f^{(4)}(c)}{4!}x^4 \\ &= 2 + x^2 + \frac{1}{24}(e^c + e^{-c})x^4 \\ &\geq 2 + x^2 \end{aligned}$$

이다.

필수예제 6.4.7. 함수 $f : [a,b] \to \mathbb{R}$에 대하여 f''이 $[a,b]$에서 연속이면 임의의 $x \in (a,b)$에 대하여 다음 식이 성립함을 보여라.

$$\lim_{h\to 0} \frac{f(x+h) - 2f(x) + f(x-h)}{h^2} = f''(x)$$

풀이: Taylor 정리에 의하면 임의의 실수 x와 h에 대하여 실수 c_1과 c_2가 존재하여 다음이 성립한다.

$$f(x+h) = f(x) + f'(x)h + \frac{f''(c_1)}{2!}h^2 \quad (c_1\text{은 } x\text{와 } x+h \text{ 사이에 존재함})$$

$$f(x-h) = f(x) - f'(x)h + \frac{f''(c_2)}{2!}h^2 \quad (c_2\text{는 } x\text{와 } x-h \text{ 사이에 존재함})$$

따라서

$$f(x+h) - 2f(x) + f(x-h) = \frac{h^2}{2}\big(f''(c_1) + f''(c_2)\big)$$

이다. 그런데 $h \to 0$일 때 $c_1 \to x$, $c_2 \to x$이며 f''이 연속이므로

$$\begin{aligned}\lim_{h\to 0} \frac{f(x+h) - 2f(x) + f(x-h)}{h^2} &= \lim_{h\to 0} \frac{1}{2}(f''(c_1) + f''(c_2)) \\ &= \frac{1}{2}(f''(x) + f''(x)) \\ &= f''(x)\end{aligned}$$

이다.

보충설명: 위 문제에서의 c_1, c_2는 모두 h의 함수이므로 엄밀히 나타낸다면 $c_1(h)$, $c_2(h)$와 같이 써야한다. 이 경우 $c_1(h)$는 x와 $x+h$ 사이에 존재하므로 $h \to 0$이면 $c_1(h) \to x$이다. 마찬가지로 $h \to 0$이면 $c_2(h) \to x$이다.

필수예제 6.4.8. 다음 함수 $f : \mathbb{R} \to \mathbb{R}$에 대하여 0에서의 n계 도함수 $f^{(n)}(0)$을 구하고 이를 이용하여 f의 Maclaurin 급수를 구하라. 또한 이 급수가 f와 일치하는지 말하라.

$$f(x) = \begin{cases} e^{-\frac{1}{x^2}} & (x \neq 0\text{일 때}) \\ 0 & (x = 0\text{일 때}) \end{cases}$$

풀이: 우선 모든 자연수 n에 대하여,

$$f^{(n)}(0) = 0 \tag{6.4.1}$$

임과 $x \neq 0$일 때

$$f^{(n)}(x) = \left(a_{n+2}^{(n)}x^{-(n+2)} + a_{n+4}^{(n)}x^{-(n+4)} + \cdots + a_{3n}^{(n)}x^{-3n}\right)e^{-\frac{1}{x^2}} \tag{6.4.2}$$

임을 수학적 귀납법을 이용하여 보이기로 한다. (여기서 $a_{n+2}^{(n)}, a_{n+4}^{(n)}, \ldots, a_{3n}^{(n)}$은 모두 적당한 실수이다.)

우선 $n = 1$일 때 $x \neq 0$이면

$$f'(x) = 2x^{-3}e^{-\frac{1}{x^2}}$$

이고 ($\Leftarrow$ 이 경우 $a_3^{(1)} = 2$이다.)

$$f'(0) = \lim_{h\to 0}\frac{f(h) - f(0)}{h} = \lim_{h\to 0}\frac{1}{he^{\frac{1}{h^2}}} = \lim_{t\to\pm\infty}\frac{t}{e^{t^2}} = \lim_{t\to\pm\infty}\frac{1}{2te^{t^2}} = 0$$

이다. (계산과정에서 $t = \frac{1}{h}$로의 치환과 로피탈의 법칙이 적용되었음에 주의하라.) 따라서 $n = 1$일 때 (6.4.1) 및 (6.4.2)가 성립함을 알 수 있다.

이제 $n = k$일 때 (6.4.1) 및 (6.4.2)가 성립함을 가정하고 $n = k + 1$일 때도 이들 식이 성립함을 보이기로 하자.

$$\begin{aligned}
f^{(k+1)}(x) &= \Big[-(k+2)a_{k+2}^{(k)}x^{-(k+3)} - (k+4)a_{k+4}^{(k)}x^{-(k+5)} - \\
&\qquad\qquad \cdots - 3ka_{3k}^{(k)}x^{-(3k+1)}\Big]e^{-\frac{1}{x^2}} \\
&\quad + \Big[2a_{k+2}^{(k)}x^{-(k+5)} + 2a_{k+4}^{(k)}x^{-(k+7)} + \\
&\qquad\qquad \cdots + 2a_{3k}^{(k)}x^{-(3k+3)}\Big]e^{-\frac{1}{x^2}} \\
&= \Big[-(k+2)a_{k+2}^{(k)}x^{-(k+3)} + \big(2a_{k+2}^{(k)} - (k+4)a_{k+4}^{(k)}\big)x^{-(k+5)} + \\
&\qquad \big(2a_{k+4}^{(k)} - (k+6)a_{k+6}^{(k)}\big)x^{-(k+7)} + \cdots \\
&\qquad + \big(2a_{3k-2}^{(k)} - 3ka_{3k}^{(k)}\big)x^{-(3k+1)} + 2a_{3k}^{(k)}x^{-(3k+3)}\Big]e^{-\frac{1}{x^2}} \\
&= \Big(a_{k+3}^{(k+1)}x^{-(k+3)} + a_{k+5}^{(k+1)}x^{-(k+5)} + \\
&\qquad\qquad \cdots + a_{3(k+1)}^{(k+1)}x^{-3(k+1)}\Big)e^{-\frac{1}{x^2}}
\end{aligned}$$

인데, 여기서

$$a_{k+3}^{(k+1)} = -(k+2)a_{k+2}^{(k)}, \quad a_{k+5}^{(k+1)} = 2a_{k+2}^{(k)} - (k+4)a_{k+4}^{(k)}, \quad \cdots \quad ,$$

$$a_{3k+1}^{(k+1)} = 2a_{3k-2}^{(k)} - 3ka_{3k}^{(k)}, \quad a_{3(k+1)}^{(k+1)} = 2a_{3k}^{(k)}$$

이다. 따라서 $n = k+1$일 때 식 (6.4.2)가 성립한다.

이제 식 (6.4.1)을 보이기 위해, $n = k$일 때 $f^{(k)}(0) = 0$임을 가정하고 $n = k+1$일 때 $f^{(k+1)}(0) = 0$임을 보이자. 앞에서와 마찬가지로 $t = \frac{1}{h}$로의 치환과 로피탈의 법칙을 적용하여 계산하면

$$\begin{aligned}
f^{(k+1)}(0) &= \lim_{h\to 0} \frac{f^{(k)}(h) - f^{(k)}(0)}{h} \\
&= \lim_{h\to 0} \frac{f^{(k)}(h)}{h} \\
&= \lim_{h\to 0} \frac{1}{h}\left(a_{k+2}^{(k)}h^{-(k+2)} + a_{k+4}^{(k)}h^{-(k+4)} + \cdots + a_{3k}^{(k)}h^{-3k}\right)e^{-\frac{1}{h^2}} \\
&= \lim_{h\to 0} \left(a_{k+2}^{(k)}h^{-(k+3)} + a_{k+4}^{(k)}h^{-(k+5)} + \cdots + a_{3k}^{(k)}h^{-(3k+1)}\right)e^{-\frac{1}{h^2}} \\
&= \lim_{t\to\pm\infty} \frac{a_{k+2}^{(k)}t^{k+3} + a_{k+4}^{(k)}t^{k+5} + \cdots + a_{3k}^{(k)}t^{3k+1}}{e^{t^2}} \\
&= 0
\end{aligned}$$

이다.

따라서 f의 Maclaurin 급수는

$$\sum_{n=0}^{\infty} \frac{f^{(n)}(0)}{n!}x^n = 0 \quad (x \in \mathbb{R})$$

이다. 즉 f의 Maclaurin 급수를 $\tilde{f}(x)$라고 할 때 모든 실수 x에 대하여 $\tilde{f}(x) = 0$이다.

그런데 $f(x)$는 $x = 0$일 때 이외에는 모두 양의 값을 가지므로 이 급수 $\tilde{f}$ 는 f와 일치하지 않는다.

참고: 함수 f에 대하여 점 a에서의 Taylor 급수가 a를 포함하는 적당한 열린 집합 D 내에서 수렴하고 그 급수의 값이 D에서 f와 일치하는 경우 f는 a에서 **해석적**(analytic)이라 한다.

위 예제에서는 실수값을 갖는 함수 f가 무한 번 미분가능하고 0에서의 Taylor 급수가 0 근방에서 (사실은 모든 실수에 대하여) 수렴한다 하더라도 0에서 해석적이 되지 않을 수 있음을 보여준다.

그러나 복소수 값을 갖는 함수, 즉 $f : \mathbb{C} \to \mathbb{C}$인 경우는 이런 일이 발생하지는 않는데, 이러한 내용은 복소수해석학 관련 서적을 참조하기 바란다.

제 7 장

적분

7.1 정의, 정리 및 기본성질

학부 과정에서 다루는 적분은 크게 리만적분(Riemann integral), 리만-스틸체 적분(Riemann-Stieltjes integral), 르베그적분(Lebesgue integral) 등이 있으나, 이 책에서는 그 중 가장 기본이 되는 리만적분만을 다루기로 한다. 따라서 앞으로 아무런 언급이 없는한 이 책에서 다루는 적분은 모두 리만적분으로 이해하면 된다.

정의 7.1.1. 닫힌 구간 $[a, b]$에 대하여

$$a = x_0 < x_1 < x_2 < \cdots < x_n = b$$

를 만족하는 집합

$$P = \{x_0, x_1, \ldots, x_n\}$$

를 $[a, b]$의 **분할**(partition)이라 한다.

정의 7.1.2. $[a, b]$의 분할 $P = \{x_0, x_1, \ldots, x_n\}$에 대하여 **분할의 크기** $\|P\|$를 다

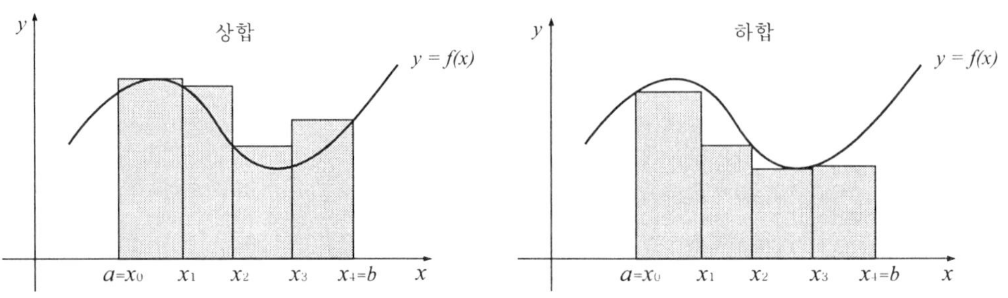

그림 7.1.1: 정의 7.1.4에서 분할 P에 대한 상합 및 하합을 나타내는 그림의 예. 그림에서 직사각형들의 넓이의 합이 상합과 하합을 각각 나타낸다.

음과 같이 정의한다.

$$\|P\| = \max\{x_k - x_{k-1} : k = 1, 2, 3, \ldots, n\}$$

정의 7.1.3. $[a, b]$의 분할 P와 Q에 대하여 $P \subset Q$이면 Q를 P의 **세분할**(refinement)이라 한다.

정의 7.1.4. 유계인 함수 $f : [a, b] \to \mathbb{R}$와 $[a, b]$의 분할

$$P = \{x_0, x_1, \ldots, x_n\}$$

에 대하여

$$I_k = [x_{k-1}, x_k],\ m_k = \inf_{x \in I_k} f(x),\ M_k = \sup_{x \in I_k} f(x),\ \Delta x_k = x_k - x_{k-1}\ (k = 1, 2, 3, \ldots, n)$$

이라 할 때

$$L(f, P) = \sum_{k=1}^{n} m_k \,\Delta x_k$$

를 분할 P에 대한 f의 **하합**(lower sum)이라 하고

$$U(f, P) = \sum_{k=1}^{n} M_k \,\Delta x_k$$

를 분할 P에 대한 f의 **상합**(upper sum)이라 한다. (그림 7.1.1 참조)

정의 7.1.5. 유계인 함수 $f:[a,b]\to\mathbb{R}$에 대하여

$$L(f)=\sup_P L(f,P)$$

를 $[a,b]$에서 f의 **하적분**(lower integral)이라 하고

$$\underline{\int_a^b} f \quad \text{혹은} \quad \underline{\int_a^b} f(x)dx$$

로도 나타낸다. 마찬가지로

$$U(f)=\inf_P U(f,P)$$

를 $[a,b]$에서 f의 **상적분**(upper integral)이라 하고

$$\overline{\int_a^b} f \quad \text{혹은} \quad \overline{\int_a^b} f(x)dx$$

로도 나타낸다.

참고: 위 정의에서

$$\sup_P L(f,P)=\sup\{L(f,P):\ P\text{는 }[a,b]\text{의 분할}\},$$

$$\inf_P U(f,P)=\inf\{U(f,P):\ P\text{는 }[a,b]\text{의 분할}\}$$

을 각각 나타낸다.

정의 7.1.6. 유계인 함수 $f:[a,b]\to\mathbb{R}$에 대하여

$$L(f)=U(f)$$

일 때 f는 $[a,b]$에서 **리만적분가능**(Riemann integrable)하다고 말하고 이때의 공통되는 값 $L(f)\big(=U(f)\big)$를 $[a,b]$에서 f의 **리만적분**(Riemann integral) 혹은 간단히 **적분**(integral)이라 부르며

$$\int_a^b f(x)\,dx$$

로 나타낸다.

정리 7.1.7. 유계인 함수 $f:[a,b]\to\mathbb{R}$에 대하여 다음은 모두 동치이다.

(a) f는 $[a,b]$에서 리만적분가능하다.

(b) 임의의 $\varepsilon>0$에 대하여 $[a,b]$의 분할 P_ε이 존재하여 다음을 만족한다.

$$U(f,P_\varepsilon)-L(f,P_\varepsilon)<\varepsilon.$$

(c) $[a,b]$의 분할들의 열 $\{P_n\}$이 존재하여 다음을 만족한다.

$$\lim_{n\to\infty}\big(U(f,P_n)-L(f,P_n)\big)=0.$$

정리 7.1.8. 함수 $f:[a,b]\to\mathbb{R}$가 단조함수이면 $[a,b]$에서 리만적분가능하다.

정리 7.1.9. 함수 $f:[a,b]\to\mathbb{R}$가 연속함수이면 $[a,b]$에서 리만적분가능하다.

정리 7.1.10. 유계인 함수 $f:[a,b]\to\mathbb{R}$가 가산 개의 점을 제외하고는 연속이면 f는 $[a,b]$에서 리만적분가능하다.

정리 7.1.11. 함수 f와 g가 모두 $[a,b]$에서 리만적분가능하고 $c\in\mathbb{R}$이면 $f+g$와 cf도 리만적분가능하며 다음이 성립한다:

$$\int_a^b \big(f(x)+g(x)\big)\,dx=\int_a^b f(x)\,dx+\int_a^b g(x)\,dx,$$
$$\int_a^b cf(x)\,dx=c\int_a^b f(x)\,dx.$$

정리 7.1.12. 함수 f와 g가 모두 $[a,b]$에서 리만적분가능하고

$$f(x)\le g(x)\quad (x\in[a,b])$$

이면 다음이 성립한다:

$$\int_a^b f(x)\,dx \leq \int_a^b g(x)\,dx.$$

정리 7.1.13. 함수 f가 $[a, b]$에서 유계이고 $a < c < b$라고 하자. 그러면 f가 $[a, b]$에서 리만적분가능할 필요충분조건은 f가 $[a, c]$ 및 $[c, b]$에서 각각 리만적분가능한 것이며, 이 경우 다음이 성립한다:

$$\int_a^b f(x)\,dx = \int_a^c f(x)\,dx + \int_c^b f(x)\,dx.$$

정리 7.1.14. $f([a, b]) \subset [c, d]$이고 f는 $[a, b]$에서 리만적분가능하며 g는 $[c, d]$에서 연속이면 합성함수 $g \circ f$는 $[a, b]$에서 리만적분가능하다.

정리 7.1.15. 함수 f가 $[a, b]$에서 리만적분가능하면 $|f|$도 $[a, b]$에서 리만적분가능하며 다음이 성립한다:

$$\left|\int_a^b f(x)\,dx\right| \leq \int_a^b |f(x)|\,dx$$

주의: 이 정리의 역은 참이 아니다. 즉, $|f|$가 $[a, b]$에서 리만적분가능하다고 해서 f도 $[a, b]$에서 리만적분가능한 것은 아니다. (예제 7.3.4 참조)

정리 7.1.16. 함수 f와 g가 모두 $[a, b]$에서 리만적분가능하면 두 함수의 곱 $f \cdot g$도 $[a, b]$에서 리만적분가능하다.

정리 7.1.17. (미적분학의 기본정리)

1. f가 $[a, b]$에서 연속이고 미분가능하며 f'이 $[a, b]$에서 적분가능하면 다음이 성립한다:

$$\int_a^b f'(x)\,dx = f(b) - f(a).$$

2. f가 $[a,b]$에서 리만적분가능할 때 $F:[a,b]\to\mathbb{R}$를 다음과 같이 정의하자:

$$F(x)=\int_a^x f(t)\,dt.$$

그러면 F는 $[a,b]$상에서 연속이며, f가 연속인 모든 점에서 F는 미분가능하고 $F'(x)=f(x)$이다.

따름정리 7.1.18. f가 $[a,b]$에서 연속이라고 하면

1. $[a,b]$에서 연속이고 미분가능한 함수 F가 존재하여 다음이 성립한다.

$$F'(x)=f(x)\quad(x\in[a,b]).$$

2. G가 $[a,b]$에서 연속이고 미분가능하며 $[a,b]$에 속하는 모든 x에 대하여 $G'(x)=f(x)$이면 다음이 성립한다.

$$\int_a^b f(x)\,dx=G(b)-G(a).$$

정리 7.1.19. (적분에 대한 평균값 정리) 함수 f가 $[a,b]$에서 연속이고 g는 $[a,b]$에서 리만적분가능하며 모든 $x\in[a,b]$에 대하여 $g(x)\geq 0$라고 하면 적당한 실수 $c\in[a,b]$에 대하여 다음 식이 성립한다:

$$\int_a^b f(x)g(x)\,dx=f(c)\int_a^b g(x)\,dx.$$

정의 7.1.20. 유계인 함수 $f:[a,b]\to\mathbb{R}$와 $[a,b]$의 분할 $P=\{x_0,x_1,\ldots,x_n\}$ 및

$$t_k\in[x_{k-1},x_k]\,(k=1,2,3,\ldots,n)\text{인 집합 }T=\{t_1,t_2,\ldots,t_n\}\tag{7.1.1}$$

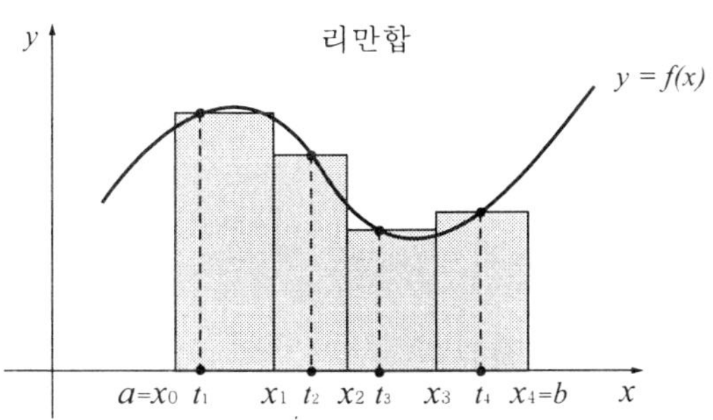

그림 7.1.2: 정의 7.1.20에서 $n = 4$인 경우 분할 P_n에 대한 리만합을 나타내는 그림의 예. 직사각형의 넓이의 합이 리만합이 된다.

에 대하여 $\Delta x_k = x_k - x_{k-1}$ $(k = 1, 2, 3, \ldots, n)$이라 할 때

$$S(f, P, T) = \sum_{k=1}^{n} f(t_k)\,\Delta x_k$$

를 분할 P와 점들 T 대한 f의 **리만합**(Riemann sum)이라 한다.

정리 7.1.21. f가 $[a, b]$에서 리만적분가능하면 임의의 $\varepsilon > 0$에 대하여 다음을 만족하는 $[a, b]$의 분할 P가 존재한다:

$$\left| S(f, P, T) - \int_a^b f(x)dx \right| < \varepsilon,$$

여기서 T는 식 (7.1.1)을 만족하는 임의의 점들이다.

정리 7.1.22. 유계인 함수 $f : [a, b] \to \mathbb{R}$가 $[a, b]$에서 리만적분가능일 필요충분조건은 다음을 만족하는 실수 I가 존재하는 것이다:

임의의 $\varepsilon > 0$에 대하여 분할 P가 존재하여 P의 세분할 $P^* = \{x_0, x_1, \ldots, x_n\}$와 식 (7.1.1)을 만족하는 임의의 점들 T에 대하여

$$|S(f, P^*, T) - I| < \varepsilon \tag{7.1.2}$$

이다.

또한 유계인 함수 $f : [a, b] \to \mathbb{R}$가 $[a, b]$에서 리만적분가능하면 식 (7.1.2)에서의 I는 구간 $[a, b]$에서 f의 적분값이다. 즉

$$I = \int_a^b f(x)\,dx$$

이다.

정의 7.1.23. 유계인 함수 $f : [a, b] \to \mathbb{R}$가 임의의 $\varepsilon > 0$에 대하여 $\delta > 0$가 존재하여 $\|P\| < \delta$인 모든 분할 P 및 이에 대응하는 임의의 점들 T에 대하여

$$|S(f, P, T) - I| < \varepsilon$$

이면

$$\lim_{\|P\| \to 0} S(f, P, T) = I$$

라고 정의한다.

정리 7.1.24. 유계인 함수 $f : [a, b] \to \mathbb{R}$에 대하여

$$\lim_{\|P\| \to 0} S(f, P, T)$$

가 존재하면, f는 $[a, b]$에서 리만적분가능하고

$$\lim_{\|P\| \to 0} S(f, P, T) = \int_a^b f(x)\,dx$$

이다.

정리 7.1.25. f가 $[a, b]$에서 리만적분가능하면

$$\lim_{\|P\| \to 0} S(f, P, T) = \int_a^b f(x)\,dx$$

이다.

정리 7.1.26. f가 $[a,b]$에서 리만적분가능하면 다음이 성립한다.

$$\int_a^b f(x)\,dx = \lim_{n\to\infty}\sum_{k=1}^{n} f\left(a+\frac{k(b-a)}{n}\right)\frac{b-a}{n}.$$

예 7.1.27. 자연수 n에 대하여

$$s_n = \frac{1^2}{n^3}+\frac{2^2}{n^3}+\frac{3^2}{n^3}+\cdots++\frac{n^2}{n^3}$$

이라 할 때

$$\lim_{n\to\infty} s_n = \lim_{n\to\infty}\sum_{k=1}^{n}\left(\frac{k}{n}\right)^2\frac{1}{n} = \int_0^1 x^2\,dx = \frac{1}{3}$$

이다.

7.2 O, X 문제

다음 명제들에 대하여 참인 것에는 O, 거짓인 것에는 X로 표시하라.

1. $f : [0,1] \to \mathbb{R}$가 리만적분가능하면 f는 $[0,1]$에서 연속이다. ( )

2. $f : [0,1] \to \mathbb{R}$가 $(0,1)$에서 미분가능하면 리만적분 가능하다. ( )

3. $f : [0,1] \to \mathbb{R}$가 $[0,1]$에서 미분가능하면 리만적분 가능하다. ( )

4. 유계인 닫힌 구간에서 정의된 리만적분가능한 두 함수의 합성함수도 리만적분가능하다. ( )

5. 함수 $f : [0,1] \to \mathbb{R}$가 단조증가함수이면 $[0,1]$에서 리만적분가능하다. ( )

6. 함수 $f(x) = e^{x^2}$은 $[0,1]$에서 리만적분가능하다. ( )

7. $A = \left\{\frac{1}{n} : n = 1, 2, 3, \ldots\right\}$일 때 다음 함수 f는 $[0,1]$에서 리만적분가능하다. ( )

$$f(x) = \begin{cases} 1 & (x \in A\text{일 때}) \\ 0 & (x \notin A\text{일 때}) \end{cases}$$

8. 함수 f가 $[a,b]$에서 리만적분가능하면 $F(x) = \displaystyle\int_a^x f(t)\,dt$ 는 $[a,b]$에서 미분가능하며 $F'(x) = f(x)$이다. ( )

9. 함수 f가 $[0,1]$상에서 연속이고 $\displaystyle\int_a^b |f(x)|\,dx = 0$이면 모든 $x \in [a,b]$에 대하여 $f(x) = 0$이다. ( )

10. 유계인 함수 $f : [0,1] \to \mathbb{R}$에 대하여 $|f|$가 리만적분가능하면 f도 리만적분가능하다. ( )

O, X 문제 정답 및 해설

정답:

문제	1	2	3	4	5	6	7	8	9	10
정답	X	X	O	X	O	O	O	X	O	X

해설:

1. 정답: X

   리만적분가능하다고 해서 반드시 연속일 필요는 없다. $[a, b]$에서 정의된 유계인 함수로써 가산 개의 점에서 불연속인 함수도 리만적분가능하다. (정리 7.1.10 참조)

2. 정답: X

   다음 함수 $f : [0, 1] \to \mathbb{R}$는 $(0, 1)$에서 미분가능하지만 리만적분가능하지 않다.

   $$f(x) = \begin{cases} \frac{1}{x} & (x \in (0, 1]\text{일 때}) \\ 0 & (x = 0\text{일 때}) \end{cases}$$

3. 정답: O

   f가 $[0, 1]$에서 미분가능하면 $[0, 1]$에서 연속이므로 리만적분가능하다.

4. 정답: X

   일반적으로 리만적분가능한 두 함수의 합성함수는 적분가능하지 않다. (정리 7.1.14 참조)

5. 정답: O

   닫힌 구간 $[a, b]$에서 정의된 단조함수는 적분가능하다. (정리 7.1.8 참조)

6. 정답: O

   $f(x) = e^{x^2}$은 닫힌 구간 $[0,1]$에서 정의된 연속함수이므로 적분가능하다. (정리 7.1.9 참조)

7. 정답: O

   함수 f는 가산집합 A에서만 불연속이므로 리만적분가능하다. (정리 7.1.10 참조)

8. 정답: X

   f가 리만적분가능하면 F는 연속이다. 그렇지만 F가 미분가능하려면 f가 연속이라는 조건이 필요하다. (정리 7.1.17 참조)

9. 정답: O

   이 문제는 예제 7.4.3을 참조하면 쉽게 증명할 수 있다.

10. 정답: X

    $|f|$가 리만적분가능하다고 해서 f도 리만적분가능한 것은 아니다. (예제 7.3.4 참조)

7.3 기본예제

기본예제 7.3.1. 함수 $f : [0, 10] \to \mathbb{R}$, $f(x) = x^2$과 분할 $P = \{0, 2, 4, 8, 10\}$ 및 임의의 점들 $P = \{1, 2, 5, 9\}$에 대하여 f의 상합 $U(f, P)$, 하합 $L(f, P)$ 및 리만합 $S(f, P, T)$를 구하라.

풀이: 각각의 정의로부터 다음과 같이 계산된다.

$$\begin{aligned} U(f, P) &= 4(2-0) + 16(4-2) + 64(8-4) + 100(10-8) = 496, \\ L(f, P) &= 0(2-0) + 4(4-2) + 16(8-4) + 64(10-8) = 200, \\ S(f, P, T) &= 1(2-0) + 4(4-2) + 25(8-4) + 81(10-8) = 272. \end{aligned}$$

기본예제 7.3.2. 다음 함수 $f : [0, 1] \to \mathbb{R}$의 상적분, 하적분을 구한 뒤 이를 이용하여 f의 리만적분가능성을 조사하고 리만적분가능한 경우 적분값을 구하라.

$$f(x) = \begin{cases} 1 & (x = \frac{1}{2}\text{일 때}) \\ 0 & (x \neq \frac{1}{2}\text{일 때}) \end{cases}$$

풀이: 우선 임의의 자연수 $n \geq 3$에 대하여 다음과 같은 분할 P_n을 정의하자:

$$P_n = \left\{0, \frac{1}{2} - \frac{1}{n}, \frac{1}{2} + \frac{1}{n}, 1\right\}.$$

그러면

$$L(f, P_n) = 0\left(\frac{1}{2} - \frac{1}{n}\right) + 0\left[\left(\frac{1}{2} + \frac{1}{n}\right) - \left(\frac{1}{2} - \frac{1}{n}\right)\right] + 0\left[1 - \left(\frac{1}{2} + \frac{1}{n}\right)\right] = 0,$$

$$U(f, P_n) = 0\left(\frac{1}{2} - \frac{1}{n}\right) + 1\left[\left(\frac{1}{2} + \frac{1}{n}\right) - \left(\frac{1}{2} - \frac{1}{n}\right)\right] + 0\left[1 - \left(\frac{1}{2} + \frac{1}{n}\right)\right] = \frac{2}{n}$$

이므로

$$0 = \sup_{n \geq 3} L(f, P_n) \leq \sup_{P} L(f, P) \leq L(f) \leq U(f) = \inf_{P} U(f, P) \leq \inf_{n \geq 3} U(f, P_n) = 0$$

이다. 결국 $L(f) = U(f) = 0$이므로 f는 $[0,1]$에서 리만적분가능하고

$$\int_0^1 f(x)\,dx = 0$$

이다.

참고: 위 계산에서

$$\sup_{n\geq 3} L(f, P_n) = \sup\{L(f, P_n) : n = 3, 4, 5, \dots\},$$

$$\sup_P L(f, P) = \sup\{L(f, P) : P\text{는 } [a, b]\text{의 분할}\}$$

을 각각 나타낸다.

기본예제 7.3.3. 다음 함수 $f : [0,1] \to \mathbb{R}$의 리만적분가능성을 조사하고 리만적분가능한 경우 적분값을 구하라.

$$f(x) = \begin{cases} 1 & (x\text{가 유리수일 때}) \\ 0 & (x\text{가 무리수일 때}) \end{cases}$$

풀이: $[0,1]$의 임의의 분할 $P = \{x_0, x_1, x_2, \dots, x_n\}$에 대하여

$$I_k = [x_{k-1}, x_k], \quad m_k = \inf_{x\in I_k} f(x), \quad M_k = \sup_{x\in I_k} f(x)$$

및

$$\Delta x_k = x_k - x_{k-1} \quad (k = 1, 2, 3, \dots, n)$$

이라 할 때, 임의의 두 실수 사이에는 무수히 많은 유리수와 무리수가 존재하므로 각 I_k $(k = 1, 2, 3, \dots, n)$에는 유리수와 무리수가 모두 존재하게 되어 $m_k = 0$이고 $M_k = 1$이 된다. 따라서

$$L(f, P) = \sum_{k=1}^{n} m_k\,\Delta x_k = \sum_{k=1}^{n} 0 \cdot \Delta x_k = 0,$$

$$U(f, P) = \sum_{k=1}^{n} M_k\,\Delta x_k = \sum_{k=1}^{n} 1 \cdot \Delta x_k = 1$$

이므로

$$L(f) = \sup_P L(f, P) = 0 \neq 1 = \inf_P U(f, P) = U(f)$$

이다. 결국 f는 리만적분불가능하다.

기본예제 7.3.4. $[0, 1]$에서 정의된 유계인 함수 f 중에 $|f|$은 리만적분가능하지만 f는 리만적분불가능한 함수의 예를 들어라.

풀이: 함수 $f; [0, 1] \to \mathbb{R}$를 다음과 같이 정의하자.

$$f(x) = \begin{cases} 1 & (x\text{가 유리수일 때}) \\ -1 & (x\text{가 무리수일 때}) \end{cases}$$

그러면 예제 7.3.3의 방법을 그대로 적용하면 f가 리만적분불가능임을 보일 수 있다. 그렇지만 $|f|$의 경우 모든 $x \in [0, 1]$에 대하여 $|f(x)| = 1$이므로 상수함수가 되어 리만적분가능하다.

7.4 필수예제

필수예제 7.4.1. 임의의 자연수 n에 대하여

$$1-\frac{1}{2}+\frac{1}{3}-\frac{1}{4}+\cdots+\frac{1}{2n-1}-\frac{1}{2n}=\frac{1}{n+1}+\frac{1}{n+2}+\cdots+\frac{1}{2n} \tag{7.4.1}$$

임을 보이고 이를 이용하여 다음을 보여라.

$$\ln 2 = 1-\frac{1}{2}+\frac{1}{3}-\frac{1}{4}+\frac{1}{5}-\frac{1}{6}+\cdots$$

풀이: 우선 수학적 귀납법을 이용하여 식 (7.4.1)을 보이기 위해 $n \in \mathbb{N}$에 대하여

$$s_n = 1-\frac{1}{2}+\frac{1}{3}-\frac{1}{4}+\cdots+\frac{1}{2n-1}-\frac{1}{2n},$$

$$t_n = \frac{1}{n+1}+\frac{1}{n+2}+\cdots+\frac{1}{2n}$$

이라 두면 $n=1$일 때

$$s_1 = 1-\frac{1}{2}=\frac{1}{2}=t_2$$

이므로 식 (7.4.1)이 성립한다.

이제 $n=k$일 때 식 (7.4.1)이 성립한다고 가정하면 $n=k+1$일 때

$$\begin{aligned}
s_{k+1} &= \left(1-\frac{1}{2}+\frac{1}{3}-\frac{1}{4}+\cdots+\frac{1}{2k-1}-\frac{1}{2n}\right)+\frac{1}{2k+1}-\frac{1}{2k+2} \\
&= \left(\frac{1}{k+1}+\frac{1}{k+2}+\cdots+\frac{1}{2k}\right)+\frac{1}{2k+1}-\frac{1}{2k+2} \quad (\Leftarrow s_k = t_k) \\
&= \frac{1}{k+2}+\frac{1}{k+3}+\cdots+\frac{1}{2k}+\frac{1}{2k+1}+\frac{1}{k+1}-\frac{1}{2k+2} \\
&= \frac{1}{k+2}+\frac{1}{k+3}+\cdots+\frac{1}{2k}+\frac{1}{2k+1}+\frac{1}{2k+2} \\
&= t_{k+1}
\end{aligned}$$

이므로 식 (7.4.1)이 성립한다. 결국 임의의 자연수 n에 대하여 식 (7.4.1)이 성립함을 보였다.

이제 식 (7.4.1)을 보이기 위하여

$$u_n = 1-\frac{1}{2}+\frac{1}{3}-\frac{1}{4}+\cdots+(-1)^{n+1}\frac{1}{n} \quad (n=1,2,3,\dots)$$

이라 하면 $\{u_n\}$은 교대급수 정리에 의하여 수렴한다. 따라서

$$u = \lim_{n\to\infty} u_n \in \mathbb{R}$$

이라 하면

$$\begin{aligned}
1 - \frac{1}{2} + \frac{1}{3} - \frac{1}{4} + \cdots &= \lim_{n\to\infty} u_n \\
&= \lim_{n\to\infty} u_{2n} \\
&= \lim_{n\to\infty} s_n \\
&= \lim_{n\to\infty} t_n \\
&= \lim_{n\to\infty} \left(\frac{1}{n+1} + \frac{1}{n+2} + \cdots + \frac{1}{2n} \right) \\
&= \lim_{n\to\infty} \sum_{k=1}^{n} \frac{1}{n+k} \\
&= \lim_{n\to\infty} \sum_{k=1}^{n} \frac{1}{1+\frac{k}{n}} \cdot \frac{1}{n} \\
&= \int_0^1 \frac{1}{1+x}\, dx \quad (\Leftarrow \text{정리 } 7.1.26) \\
&= \ln 2
\end{aligned}$$

이다.

참고: 이 문제는 예제 9.4.9에서 다른 방법으로도 증명됨을 알 수 있다.

필수예제 7.4.2. 집합 $A = \left\{\frac{1}{n} : n = 1, 2, 3, \ldots\right\}$에 대하여 다음과 같은 함수 $f : [0,1] \to \mathbb{R}$를 생각하자.

$$f(x) = \begin{cases} x & (x \in A\text{일 때}) \\ 0 & (x \notin A\text{일 때}) \end{cases}$$

이 때 $L(f) = U(f)$임을 보이고, 이를 이용하여 적분 $\displaystyle\int_0^1 f(x)\, dx$를 구하라.

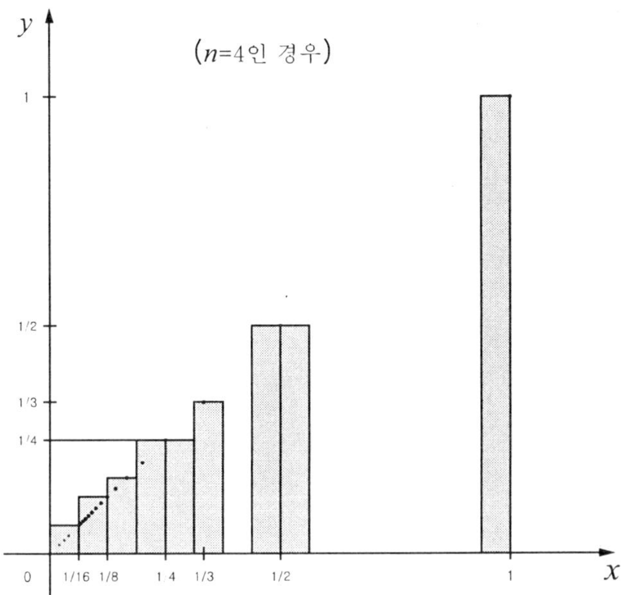

그림 7.4.1: 예제 7.4.2에서 $n = 4$인 경우 분할 P_n에 대한 상합을 나타내는 그림(짙은 회색 표시). 원점에 꼭지점이 닿도록 가로 및 세로의 길이가 각각 $\frac{1}{4}$인 정사각형을 만들면 분할에 의해 나타나는 처음 4개의 직사각형을 덮는다(옅은 회색 표시).

풀이: 임의의 자연수 n에 대하여 $[0,1]$의 분할 $P_n = \{x_0, x_1, x_2, \ldots, x_{n^2}\}$을 생각하는데

$$x_k = \frac{k}{n^2} \ (k = 0, 1, 2, \ldots, n^2 - 1, n^2)$$

이라 하자. 즉, P_n은 $[0,1]$을 n^2등분한 점들로 이루어진 분할이다. 또한

$$I_k = [x_{k-1}, x_k],\ m_k = \inf_{x \in I_k} f(x),\ M_k = \sup_{x \in I_k} f(x),$$
$$\Delta x_k = x_k - x_{k-1} = \frac{1}{n^2} \ (k = 1, 2, 3, \ldots, n)$$

이라고 하자. 그러면 각각의 소구간 I_k마다 f의 함수값이 0인 점이 존재하므로 모든 k에 대하여 $m_k = 0$이 되고 결국

$$L(f, P_n) = \sum_{k=1}^{n^2} m_k \frac{1}{n^2} = \sum_{k=1}^{n^2} 0 \cdot \frac{1}{n^2} = 0$$

이 된다. 반면에 M_k는 I_k안에 포함된 $\frac{1}{j}$ $(j = 1, 2, 3, \ldots, n^2)$형태의 값들 중에서

가장 큰 값이 된다. 그런데 n개의 점들

$$1, \frac{1}{2}, \frac{1}{3}, \ldots, \frac{1}{n}$$

에 대해서 먼저 생각해 보면, 예를 들어 $\frac{1}{j}\,(1 \le j \le n)$이 I_k의 내부에 속할 때

$$M_k = \frac{1}{j}$$

이 되며 $\frac{1}{j}\,(1 \le j \le n)$이 I_k와 I_{k+1}의 경계에 속할 때는

$$M_k = \frac{1}{j} = M_{k+1}$$

이 됨을 알 수 있다. 따라서

$$\begin{aligned}
U(f, P_n) &= \sum_{k=1}^{n^2} M_k \frac{1}{n^2} \\
&\le \frac{1}{n}\cdot\frac{1}{n} + 2\left(\frac{1}{n} + \frac{1}{n-1} + \frac{1}{n-2} + \cdots \frac{1}{2} + 1\right)\frac{1}{n^2} \\
&= \frac{1}{n^2} + \frac{2}{n}\sum_{k=1}^{n}\frac{1}{nk} \\
&\le \frac{1}{n^2} + \frac{2}{n}\sum_{k=1}^{n}\frac{1}{k^2}
\end{aligned}$$

이다. 그런데 $\displaystyle\sum_{k=1}^{\infty}\frac{1}{k^2}$은 수렴하는 급수이므로

$$\alpha = \sum_{k=1}^{\infty}\frac{1}{k^2}$$

라고 두면 결국

$$U(f, P_n) \le \frac{1}{n^2} + \frac{2}{n}\alpha$$

이다. 그러므로

$$0 = \sup_{n\ge1} L(f, P_n) \le \sup_{P} L(f, P) \le L(f) \le U(f) = \inf_{P} U(f, P) \le \inf_{n\ge1} U(f, P_n) = 0$$

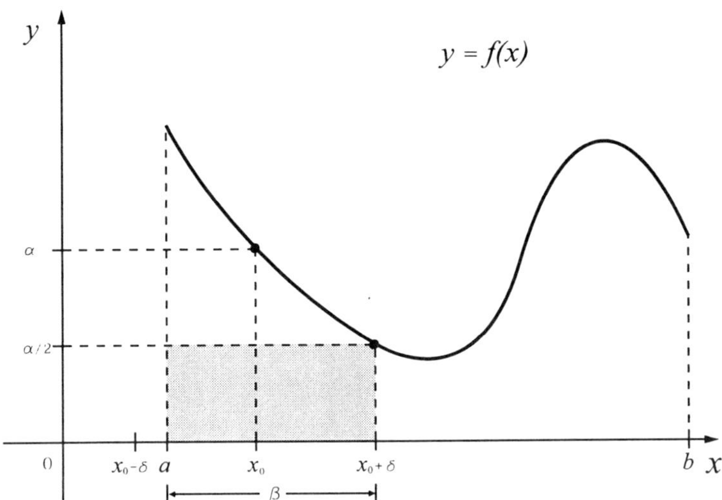

그림 7.4.2: 예제 7.4.3에서 함수 f가 $[a,b]$상에서 연속이고 $f(x) \geq 0$ $(x \in [a,b])$이라 할 때 적당한 점 $x_0 \in [a,b]$에서 $f(x_0) > 0$이라고 가정하면 회색으로 표시된 직사각형 영역의 적분이 양수가 되어 결국 전체 적분은 양수가 된다. 따라서 모순을 얻는다.

이 된다. 결국 $L(f) = U(f) = 0$이므로 f는 리만적분가능하며

$$\int_0^1 f(x)\,dx = 0$$

이다.

참고: 실제로 $\displaystyle\sum_{k=1}^{\infty} \frac{1}{k^2} = \frac{\pi^2}{6}$임이 알려져 있다.

필수예제 7.4.3. 함수 f가 $[a,b]$상에서 연속이고 $f(x) \geq 0$ $(x \in [a,b])$이라고 하자. 만일

$$\int_a^b f(x)\,dx = 0$$

이면 모든 $x \in [a,b]$에 대하여

$$f(x) = 0$$

임을 보여라.

풀이: 만일 $x_0 \in [a,b]$가 존재하여 $f(x_0) > 0$이라고 하자. 그러면 f는 x_0에서 연속이므로 $\alpha = f(x_0) > 0$라고 할 때, 적당한 $\delta > 0$가 존재하여

$$x \in [a,b]\text{이고 } |x - x_0| < \delta \implies |f(x) - f(x_0)| < \frac{\alpha}{2}$$

이다. 따라서

$$x \in (x_0 - \delta, x_0 + \delta) \implies f(x) > f(x_0) - \frac{\alpha}{2} = \frac{\alpha}{2} > 0$$

이다. 그러므로 구간 $A = (x_0 - \delta, x_0 + \delta) \cap [a,b]$의 길이를 $\beta > 0$라고 하면

$$\int_a^b f(x)\,dx \geq \frac{\alpha}{2} \cdot (\text{A의 길이}) = \frac{\alpha\beta}{2} > 0$$

이므로

$$\int_a^b f(x)\,dx = 0$$

인 것에 모순이다. (그림 7.4.2 참조)

필수예제 7.4.4. 연속함수 $f : [0,1] \to \mathbb{R}$에 대하여 다음을 보여라.

$$\lim_{n\to\infty} \left(\int_0^1 |f(x)|^n\,dx \right)^{\frac{1}{n}} = \max_{x\in[0,1]} |f(x)|$$

풀이: f가 $[a,b]$에서 연속이므로 $|f|$도 역시 $[a,b]$에서 연속이다. $[a,b]$는 컴팩트이므로 최대·최소 정리에 의하여

$$M = \max_{x\in[a,b]} |f(x)| = |f(x_0)| \geq 0$$

인 $x_0 \in [a,b]$가 존재한다. 그런데 $|f|$는 x_0에서 연속이므로 임의의 자연수 n에 대하여 $\delta > 0$가 존재하여 다음을 만족한다:

$$x \in [a,b],\ |x - x_0| < \delta \implies \Big| |f(x)| - |f(x_0)| \Big| = M - |f(x)| < \frac{1}{n}.$$

$S = [x_0 - \delta, x_0 + \delta] \cap [a,b]$라고 하면 S의 길이는 δ보다 크거나 같으므로

$$\int_0^1 |f(x)|^n\,dx \geq \left(M - \frac{1}{n} \right)^n \cdot (S\text{의 길이}) \geq \left(M - \frac{1}{n} \right)^n \delta$$

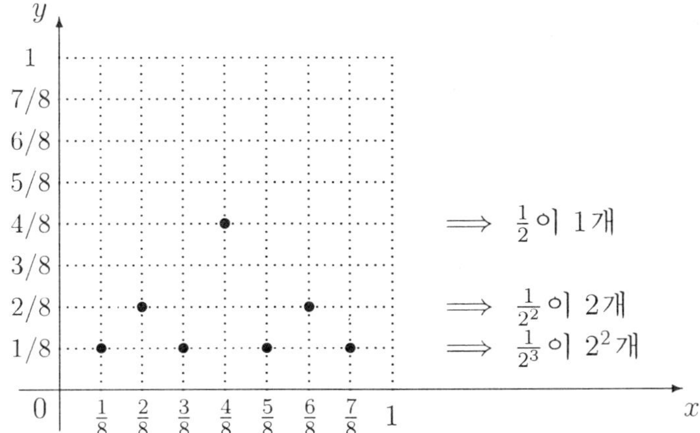

그림 7.4.3: 예제 7.4.5에서 $m=3$, $n=2^3=8$일 때 $\sum_{k=1}^{2^3} f\left(\frac{k}{2^3}\right) = 1\cdot\frac{1}{2}+2\cdot\frac{1}{2^2}+2^2\cdot\frac{1}{2^3}$ 임을 설명하는 그림. 굵은 점들의 y좌표는 $f\left(\frac{k}{n}\right)$ $(k=1,2,3,\dots,n)$를 나타낸다.

이다. 따라서

$$\left(\int_0^1 |f(x)|^n\,dx\right)^{\frac{1}{n}} \geq \left(M-\frac{1}{n}\right)\delta^{\frac{1}{n}} \tag{7.4.2}$$

이다. 한편

$$\left(\int_0^1 |f(x)|^n\,dx\right)^{\frac{1}{n}} \leq \left(\int_0^1 M^n\,dx\right)^{\frac{1}{n}} = M \tag{7.4.3}$$

이다. 결국 식 (7.4.2), (7.4.3)에서

$$\left(M-\frac{1}{n}\right)\delta^{\frac{1}{n}} \leq \left(\int_0^1 |f(x)|^n\,dx\right)^{\frac{1}{n}} \leq M$$

이고 $n\to\infty$일 때의 극한을 취하면

$$M \leq \lim_{n\to\infty}\left(\int_0^1 |f(x)|^n\,dx\right)^{\frac{1}{n}} \leq M$$

이다. 결국 다음을 얻는다.

$$\lim_{n\to\infty}\left(\int_0^1 |f(x)|^n\,dx\right)^{\frac{1}{n}} = M = \max_{x\in[0,1]}|f(x)|$$

필수예제 7.4.5. 다음 함수 $f:[0,1]\to\mathbb{R}$의 리만적분가능성을 판별하고, 리만적분가능한 경우에는 적분값을 구하라.

$$f(x)=\begin{cases}\frac{1}{n} & (x=\frac{m}{n}\text{일 때, 단 } m,\ n\text{은 서로소인 자연수이며 } n\neq 1\text{이다.})\\ 0 & (\text{기타의 경우, 즉 } x=0,\ 1 \text{ 또는 무리수일 때})\end{cases}$$

풀이: f는 $[0,1]$에서 정의된 유계인 함수이다. 또한 f는 0, 1을 제외한 유리수 점에서만 불연속이므로 가산개의 점에서만 불연속이다. 따라서 f는 리만적분가능하다.

따라서 정리 7.1.26을 적용하되 $n=2^m$ $(m\in\mathbb{N})$인 경우를 생각하면, 그림 7.4.3으로부터

$$\begin{aligned}0 &\le \int_0^1 f(x)\,dx\\ &= \lim_{n\to\infty}\frac{1}{n}\sum_{k=1}^{n} f\left(\frac{k}{n}\right)\\ &= \lim_{n\to\infty}\frac{1}{2^m}\sum_{k=1}^{2^m} f\left(\frac{k}{2^m}\right)\\ &= \lim_{n\to\infty}\frac{1}{2^m}\left(1\cdot\frac{1}{2}+2\cdot\frac{1}{2^2}+2^2\cdot\frac{1}{2^3}+\cdots+2^{m-1}\cdot\frac{1}{2^m}\right)\\ &= \lim_{n\to\infty}\frac{m}{2^{m+1}}\\ &= \lim_{n\to\infty}\frac{1}{2^{m+1}\ln 2}\quad(\Leftarrow \text{로피탈의 법칙})\\ &= 0\end{aligned}$$

이므로

$$\int_0^1 f(x)\,dx=0$$

이다.

필수예제 7.4.6. C를 Cantor 집합이라고 할 때 $f:[0,1]\to\mathbb{R}$를 다음과 같이 정의하자.

$$f(x)=\begin{cases}1 & (x\in C\text{일 때})\\ 0 & (x\notin C\text{일 때})\end{cases}$$

이 때 f의 리만적분가능성을 판별하고, 리만적분가능한 경우에는 적분값을 구하라.

풀이: 각각의 자연수 n에 대하여 다음과 같이 $[0,1]$을 3^n등분하여 나타나는 분할 P_n을 생각하자.

$$P_n = \left\{0, \frac{1}{3^n}, \frac{2}{3^n}, \frac{3}{3^n}, \ldots, \frac{3^n-1}{3^n}, 1\right\}$$

그러면 Cantor 집합 및 하합의 정의에 의하여

$$L(f, P_n) = 0 \quad (n \in \mathbb{N})$$

이 된다.

또한 각각의 n에 대하여 $U(f, P_n)$을 구해보면, $n = 1$일 때

$$f\left(\frac{1}{3}\right) = f\left(\frac{2}{3}\right) = f(1) = 1$$

이므로 다음을 얻는다.

$$U(f, P_1) = \frac{1}{3} + \frac{1}{3} + \frac{1}{3} = 1$$

$n = 2$일 때 f는 9등분된 구간들 중에서 $[\frac{4}{9}, \frac{5}{9}]$에서는 함수값이 모두 0이지만 나머지 구간들에서는 함수값이 1인 점을 적어도 하나 포함하므로

$$U(f, P_2) = 1 - \frac{1}{3^2}(3^1 - 2) = 1 - \frac{1}{9} = \frac{8}{9}$$

이다.

$n = 3$일 때 f는 27등분된 구간들 및 그 합집합들 중에서

$$\left[\frac{4}{27}, \frac{5}{27}\right], \quad \left[\frac{10}{27}, \frac{17}{27}\right], \quad \left[\frac{22}{27}, \frac{23}{27}\right]$$

에서는 함수값이 모두 0이지만 나머지 구간들에서는 함수값이 1인 점을 적어도 하나 포함하므로

$$U(f, P_2) = 1 - \frac{1}{3^3}\left(2(3^1 - 2) + 2^0(3^2 - 2)\right) = 1 - \frac{9}{27} = \frac{18}{27}$$

이다.

$n=4$일 때 f는 81등분된 구간들 및 그 합집합들 중에서

$$\left[\frac{4}{81},\frac{5}{81}\right],\ \left[\frac{10}{81},\frac{17}{81}\right],\ \left[\frac{22}{81},\frac{23}{81}\right],\ \left[\frac{28}{81},\frac{53}{81}\right],\ \left[\frac{58}{81},\frac{59}{81}\right],\ \left[\frac{64}{81},\frac{71}{81}\right],\ \left[\frac{76}{81},\frac{77}{81}\right]$$

에서는 함수값이 모두 0이지만 나머지 구간들에서는 함수값이 1인 점을 적어도 하나 포함하므로

$$U(f,P_4)=1-\frac{1}{3^4}\left(2^2(3^1-2)+2^1(3^2-2)+2^0(3^3-2)\right)=1-\frac{43}{81}=\frac{38}{81}$$

이다.

이를 일반화하여 쓰면 자연수 n에 대하여 다음식이 성립한다.

$$U(f,P_n)=1-\frac{1}{3^n}\sum_{k=0}^{n-2}2^{n-2-k}(3^{k+1}-2)=\frac{3\cdot 2^{n-1}+2^n-2}{3^n}\quad (n=1,2,3,\dots).$$

그런데

$$\inf_n U(f,P_n)=\inf_n\left(\frac{3\cdot 2^{n-1}+2^n-2}{3^n}\right)=\lim_{n\to\infty}\left(\left(\frac{2}{3}\right)^{n-1}+\left(\frac{2}{3}\right)^{n}-\frac{2}{3^n}\right)=0$$

이므로

$$0=\sup_n L(f,P_n)\le\sup_P L(f,P)\le L(f)\le U(f)=\inf_P U(f,P)\le\inf_n U(f,P_n)=0$$

이다. 따라서 $L(f)=U(f)=0$이므로 f는 적분가능하고

$$\int_0^1 f(x)\,dx=0$$

이다.

참고: Cantor 집합의 정의 및 성질은 예제 5.4.9 및 그 아래의 참고에 자세히 설명되어 있다.

제 8 장

무한급수

8.1 정의, 정리 및 기본성질

정의 8.1.1. 주어진 실수의 수열 $\{a_n\}$에 대하여 새로운 수열 $\{s_n\}$을 다음과 같이 정의하자:

$$s_n = a_1 + a_2 + \cdots + a_n = \sum_{k=1}^{n} a_k \quad (n = 1, 2, 3, \cdots).$$

이 때, $\{s_n\}_{n=1}^{\infty}$을 수열 $\{a_n\}$에 대한 **무한급수**(infinite series) 또는 간단히 **급수**(series)라고 부르며 s_n을 n번째 **부분합**(partial sum)이라 한다. 급수의 수렴, 발산 여부는 $\{s_n\}$의 수렴, 발산 여부로 결정되며 다음과 같은 표기법을 사용한다:

$$\sum_{n=1}^{\infty} a_n = \lim_{n\to\infty} \sum_{k=1}^{n} a_k = a_1 + a_2 + a_3 + \cdots + a_n + \cdots = a_1 + a_2 + a_3 + \cdots .$$

만일 급수 $\{s_n\}$이 s로 수렴할 때 s를 급수의 **합**(sum)이라 하고

$$s = \sum_{n=1}^{\infty} a_n$$

이라고 쓴다.

표기법 8.1.2. 무한급수를 나타낼 때 보통 혼동의 우려가 없는 경우 $\sum_{n=1}^{\infty} a_n$ 대신 간단히 $\sum a_n$으로도 나타낸다.

정리 8.1.3. 각각의 n에 대하여 $a_n \geq 0$이면 급수 $\sum_{n=1}^{\infty} a_n$이 수렴할 필요충분조건은 부분합의 수열이 위로 유계인 것이다.

정리 8.1.4. (급수의 수렴에 대한 Cauchy 조건) 급수 $\sum_{n=1}^{\infty} a_n$이 수렴할 필요충분조건은, 임의의 $\varepsilon > 0$에 대하여 적당한 자연수 N이 존재하여 $m \geq n \geq N$일 때

$$|a_{n+1} + a_{n+2} + \cdots + a_m| < \varepsilon \tag{8.1.1}$$

인 것이다.

참고: 식 (8.1.1)을 다시 쓰면 $s_n = a_1 + a_2 + \cdots + a_n$ $(n = 1, 2, 3, \dots)$일 때

$$|s_m - s_n| < \varepsilon$$

이다.

정리 8.1.5. 급수 $\sum_{n=1}^{\infty} a_n$이 수렴하면 $\lim_{n\to\infty} a_n = 0$이다.

따름정리 8.1.6. $\lim_{n\to\infty} a_n \neq 0$이면 급수 $\sum_{n=1}^{\infty} a_n$은 발산한다.

정리 8.1.7. 급수 $\sum_{n=1}^{\infty} a_n$ 및 $\sum_{n=1}^{\infty} b_n$이 수렴하고 $c \in \mathbb{R}$이면 다음이 성립한다:

1. $\sum_{n=1}^{\infty}(a_n + b_n) = \sum_{n=1}^{\infty} a_n + \sum_{n=1}^{\infty} b_n$

2. $\sum_{n=1}^{\infty}(a_n - b_n) = \sum_{n=1}^{\infty} a_n - \sum_{n=1}^{\infty} b_n$

3. $\sum_{n=1}^{\infty}(c\,a_n) = c\sum_{n=1}^{\infty} a_n$

정의 8.1.8. 모든 자연수 n에 대하여 $a_n > 0$일 때 급수

$$\sum_{n=1}^{\infty}(-1)^{n+1}a_n$$

을 **교대급수**(alternating series)라 부른다.

정리 8.1.9. (교대급수 정리) $\{a_n\}$이 0으로 수렴하는 감소수열이면 교대급수

$$\sum_{n=1}^{\infty}(-1)^{n+1}a_n$$

은 수렴한다. 또한 이 급수의 합이 s이고 s_n이 n번째 부분합이라고 하면 다음이 성립한다.

$$0 < (-1)^n(s - s_n) < a_{n+1}.$$

정의 8.1.10. 급수 $\sum_{n=1}^{\infty}|a_n|$이 수렴하는 경우 급수 $\sum_{n=1}^{\infty}a_n$은 **절대수렴**(absolutely convergent)한다고 말한다. 만일 $\sum_{n=1}^{\infty}a_n$은 수렴하지만 $\sum_{n=1}^{\infty}|a_n|$이 발산하는 경우 **조건부수렴**(conditionally convergent)한다고 말한다.

정리 8.1.11. $\sum_{n=1}^{\infty}|a_n|$이 수렴하면 $\sum_{n=1}^{\infty}a_n$도 수렴한다. 즉, 절대수렴하는 급수는 수렴한다.

정리 8.1.12. (비교판정법) 각각의 n에 대하여 $a_n > 0$, $b_n > 0$이고 자연수 N이 존재하여

$$a_n \le b_n \quad (n \ge N)$$

이라 하면, $\sum_{n=1}^{\infty} b_n$이 수렴하는 경우 $\sum_{n=1}^{\infty} a_n$도 수렴한다.

정리 8.1.13. (극한비교판정법) 각각의 n에 대하여 $a_n > 0$, $b_n > 0$이고 실수 $c \neq 0$가 존재하여

$$\lim_{n\to\infty} \frac{a_n}{b_n} = c$$

이면 $\sum_{n=1}^{\infty} a_n$이 수렴할 필요충분조건은 경우 $\sum_{n=1}^{\infty} b_n$이 수렴하는 것이다.

정리 8.1.14. (기하급수 판정법) 급수

$$\sum_{n=0}^{\infty} r^n = 1 + r + r^2 + r^3 + \cdots$$

은 $|r| < 1$이면 $\frac{1}{1-r}$로 수렴하고 $|r| \ge 1$이면 발산한다.

정리 8.1.15. (적분판정법) 함수 $f : [1, \infty)$가

(i) 모든 $x \in [1, \infty)$에 대하여 $f(x) > 0$이며

(ii) 단조감소이고

(iii) $\lim_{x\to\infty} f(x) = 0$이면

$\sum_{n=1}^{\infty} f(n)$이 수렴할 필요충분조건은 이상적분 $\int_1^{\infty} f(x)\, dx$가 수렴하는 것이다.

정리 8.1.16. (p 급수 판정법) 무한급수 $\displaystyle\sum_{n=1}^{\infty}\frac{1}{n^p}$이 수렴할 필요충분조건은 $p>1$인 것이다.

정리 8.1.17. (비율판정법) 각각의 n에 대하여 $a_n \neq 0$이라 하고

$$r = \liminf_{n\to\infty}\left|\frac{a_{n+1}}{a_n}\right|, \quad R = \limsup_{n\to\infty}\left|\frac{a_{n+1}}{a_n}\right|$$

이라 할 때

(i) $R<1$이면 급수 $\displaystyle\sum_{n=1}^{\infty}a_n$은 절대수렴한다.

(ii) $r>1$이면 급수 $\displaystyle\sum_{n=1}^{\infty}a_n$은 발산한다.

(iii) $r\leq 1\leq R$이면 급수 $\displaystyle\sum_{n=1}^{\infty}a_n$의 수렴, 발산을 판정할 수 없다.

정리 8.1.18. (근판정법) 급수 $\displaystyle\sum_{n=1}^{\infty}a_n$에 대하여

$$r = \limsup_{n\to\infty}\sqrt[n]{|a_n|}$$

이라 할 때

(i) $r<1$이면 급수 $\displaystyle\sum_{n=1}^{\infty}a_n$은 절대수렴한다.

(ii) $r>1$이면 급수 $\displaystyle\sum_{n=1}^{\infty}a_n$은 발산한다.

(iii) $r=1$이면 급수 $\displaystyle\sum_{n=1}^{\infty}a_n$의 수렴, 발산을 판정할 수 없다.

정리 8.1.19. (Cauchy 응집판정법) 단조감소하는 양의 수열 $\{a_n\}$에 대하여 급수 $\sum_{n=1}^{\infty} a_n$이 수렴할 필요충분조건은 $\sum_{n=1}^{\infty} 2^n a_{2^n}$이 수렴하는 것이다.

정리 8.1.20. (Dirichlet 판정법) 급수 $\sum_{n=1}^{\infty} a_n$의 n번째 부분합을 s_n이라 할 때, $\{s_n\}$이 유계이고, $\{b_n\}$이 0에 수렴하는 단조감소수열이면 급수 $\sum_{n=1}^{\infty} a_n b_n$은 수렴한다.

정리 8.1.21. (Abel 판정법) 급수 $\sum_{n=1}^{\infty} a_n$이 수렴하고 $\{b_n\}$이 수렴하는 단조수열이면 급수 $\sum_{n=1}^{\infty} a_n b_n$도 수렴한다.

정의 8.1.22. (괄호의 삽입) 급수 $\sum_{n=1}^{\infty} a_n$과 첨자집합 $\{n\}$의 순증가하는 부분수열 $\{n_k\}$에 대하여

$$b_1 = a_1 + a_2 + \cdots + a_{n_1},$$
$$b_k = a_{n_{k-1}+1} + a_{n_{k-1}+2} + \cdots + a_{n_k} \quad (k = 1, 2, 3, \dots)$$

라고 정의할 때 $\sum_{k=1}^{\infty} b_k$를 원래 급수 $\sum_{n=1}^{\infty} a_n$에 **괄호의 삽입**(inserting parenthesis)를 통하여 얻은 급수라 부른다.

예 8.1.23. $a_n = (-1)^{n+1}$ $(n = 1, 2, 3, \dots)$으로 정의되는 수열 $\{a_n\}$에 대하여

$$n_k = 2k \quad (k = 1, 2, 3, \dots)$$

라고 하면 원래의 급수

$$\sum_{n=1}^{\infty} a_n = a_1 + a_2 + a_3 + \cdots = 1 - 1 + 1 - 1 + 1 - 1 + \cdots$$

은 발산한다. 그렇지만 괄호의 삽입을 통하여 얻은 급수

$$\sum_{k=1}^{\infty} b_k = b_1 + b_2 + b_3 + \cdots = (1-1) + (1-1) + (1-1) + \cdots$$

은 0으로 수렴한다.

정리 8.1.24. 급수 $\sum_{n=1}^{\infty} a_n$이 수렴하면 급수 $\sum_{n=1}^{\infty} a_n$에 괄호의 삽입을 통하여 얻은 급수도 같은 값에 수렴한다.

주의: 예 8.1.23에서 알 수 있듯이 위 정리의 역은 참이 아니다.

정의 8.1.25. $b_n = a_{f(n)}$ $(n \in \mathbb{N})$으로 정의되는 전단사함수 $f : \mathbb{N} \to \mathbb{N}$가 존재할 때 급수 $\sum_{n=1}^{\infty} b_n$을 급수 $\sum_{n=1}^{\infty} a_n$의 **재배열**(rearrangement)이라 한다.

예 8.1.26. 다음과 같이 정의되는 전단사함수 $f : \mathbb{N} \to \mathbb{N}$을 생각하자.

$$f(1) = 2,\ f(2) = 1,\ f(3) = 4,\ f(4) = 3, \ldots .$$

그러면 주어진 급수 $\sum_{n=1}^{\infty} a_n$에 대한 f를 이용한 급수의 재배열 $\sum_{n=1}^{\infty} b_n$은 다음과 같다.

$$\sum_{n=1}^{\infty} b_n = \sum_{n=1}^{\infty} a_{f(n)} = a_2 + a_1 + a_4 + a_3 + \cdots .$$

정리 8.1.27. (급수의 재배열) 급수 $\sum_{n=1}^{\infty} a_n$이 절대수렴하면 $\sum_{n=1}^{\infty} a_n$의 임의의 재배열도 $\sum_{n=1}^{\infty} a_n$과 같은 값으로 수렴한다.

정리 8.1.28. 급수 $\sum_{n=1}^{\infty} a_n$이 조건부수렴하면 임의의 실수 $x \in \mathbb{R}$로 수렴하는 $\sum_{n=1}^{\infty} a_n$의 재배열이 존재한다.

정의 8.1.29. 급수 $\sum_{n=0}^{\infty} a_n$과 $\sum_{n=0}^{\infty} b_n$의 **Cauchy 곱**(Cauchy product)은 다음과 같이 정의된다:

$$\sum_{n=0}^{\infty} \left(\sum_{k=0}^{n} a_k \, b_{n-k} \right).$$

정리 8.1.30. (Mertens 정리) 급수 $\sum_{n=0}^{\infty} a_n$이 절대수렴하고 $\sum_{n=0}^{\infty} b_n$이 수렴하면 두 급수의 Cauchy 곱도 수렴하고 다음이 성립한다:

$$\left(\sum_{n=0}^{\infty} a_n \right) \left(\sum_{n=0}^{\infty} b_n \right) = \sum_{n=0}^{\infty} \left(\sum_{k=0}^{n} a_k \, b_{n-k} \right).$$

즉 다음이 성립한다:

$$\begin{aligned} & (a_0 + a_1 + a_2 + \cdots)(b_0 + b_1 + b_2 + \cdots) \\ = \; & a_0 b_0 + (a_0 b_1 + a_1 b_0) + (a_0 b_2 + a_1 b_1 + a_2 b_0) + \cdots . \end{aligned}$$

8.2 O, X 문제

다음 명제들에 대하여 참인 것에는 O, 거짓인 것에는 X로 표시하라.

1. $\lim_{n\to\infty} a_n = 0$이면 급수 $\sum_{n=1}^{\infty} a_n$은 수렴한다. ( )

2. $\sum_{n=1}^{\infty} |a_n|$이 수렴하면 $\sum_{n=1}^{\infty} a_n$도 수렴한다. ( )

3. 각각의 n에 대하여 $a_n > 0$이고 $b_n = \frac{1}{n^2}$이며 $\lim_{n\to\infty} \frac{a_n}{b_n} = 1$이면 $\sum_{n=1}^{\infty} a_n$은 수렴한다. ( )

4. 급수 $\sum_{n=1}^{\infty} a_n$이 수렴하면 $\sum_{n=1}^{\infty} a_n$의 임의의 재배열도 $\sum_{n=1}^{\infty} a_n$과 같은 값으로 수렴한다. ( )

5. 실수 1로 수렴하는 급수 $\sum_{n=1}^{\infty} (-1)^n \frac{1}{n}$의 재배열이 존재한다. ( )

6. $\sum_{n=1}^{\infty} \cos\frac{1}{n}$은 수렴한다. ( )

7. $\sum_{n=1}^{\infty} \sin n$은 유계이다. ( )

8. $\left(1 - \frac{1}{\sqrt{2}}\right) + \left(\frac{1}{\sqrt{3}} - \frac{1}{\sqrt{4}}\right) + \left(\frac{1}{\sqrt{5}} - \frac{1}{\sqrt{6}}\right) + \cdots$은 수렴한다. ( )

O, X 문제 정답 및 해설

정답:

문제	1	2	3	4	5	6	7	8
정답	X	O	O	X	O	X	O	O

해설:

1. 정답: X

   $\lim_{n\to\infty} \frac{1}{n} = 0$이지만 $\sum_{n=1}^{\infty} \frac{1}{n}$은 발산한다.

2. 정답: O

   무한급수가 절대수렴하면 수렴한다.

3. 정답: O

   $\sum_{n=1}^{\infty} \frac{1}{n^2}$이 수렴하므로 극한비교판정법에 의하여 $\sum_{n=1}^{\infty} a_n$도 수렴한다.

4. 정답: X

   급수 $\sum_{n=1}^{\infty} a_n$이 수렴한다고 해서 $\sum_{n=1}^{\infty} a_n$의 임의의 재배열도 $\sum_{n=1}^{\infty} a_n$과 같은 값으로 수렴한다고 말할 수 없다. 참고로 급수 $\sum_{n=1}^{\infty} a_n$이 절대수렴하면 $\sum_{n=1}^{\infty} a_n$의 임의의 재배열도 $\sum_{n=1}^{\infty} a_n$과 같은 값으로 수렴한다.

5. 정답: O

   급수 $\sum_{n=1}^{\infty} (-1)^n \frac{1}{n}$은 교대급수 정리에 의하여 수렴한다. 그러나 $\sum_{n=1}^{\infty} \frac{1}{n}$은 발

산하므로 $\sum_{n=1}^{\infty}(-1)^n\frac{1}{n}$은 조건부수렴하는 급수이다. 따라서 임의의 실수로 수렴하는 재배열이 존재한다. (정리 8.1.28 참조)

6. 정답: X

   $\lim_{n\to\infty}\cos\frac{1}{n}=\cos 0=1\neq 0$이므로 주어진 급수는 발산한다. (따름정리 8.1.6 참조)

7. 정답: O

   $s_n=\sin 1+\sin 2+\cdots+\sin n$이라고 할 때,

$$|s_n|\leq \csc\frac{1}{2}\quad (n=1,2,3,\ldots)$$

   임을 보일 수 있으므로 $\{s_n\}$은 유계이다. (예제 8.4.4 및 그 아래 참고 설명 참조)

8. 정답: O

   주어진 급수에서 괄호를 제거한 급수는 교대급수 판정법에 의하여 수렴한다. 따라서 주어진 급수도 수렴한다. (정리 8.1.24 참조)

8.3 기본예제

기본예제 8.3.1. $a_1 + a_2 + a_3 + \cdots = s$이면 $a_2 + a_3 + a_4 + \cdots = s - a_1$임을 보여라.

풀이: $a_1 + a_2 + a_3 + \cdots = s$이므로 $s_n = \sum_{k=1}^{n} a_k$라고 할 때 $\lim_{n\to\infty} s_n = s$이다. 따라서

$$t_n = a_2 + a_3 + \cdots + a_n$$

이라 할 때 $t_n = s_n - a_1$이므로

$$a_2 + a_3 + a_4 + \cdots = \lim_{n\to\infty} t_n = \lim_{n\to\infty} (s_n - a_1) = s - a_1$$

이다.

기본예제 8.3.2. 급수 $\sum_{n=1}^{\infty} \ln\left(1 + \frac{1}{n}\right)$의 수렴, 발산을 판정하라.

풀이: 주어진 급수의 n번째 부분합을 s_n이라 하면

$$\begin{aligned} s_n &= \sum_{k=1}^{n} \ln\left(1 + \frac{1}{k}\right) \\ &= \sum_{k=1}^{n} \ln\left(\frac{k+1}{k}\right) \\ &= \sum_{k=1}^{n} \Big(\ln(k+1) - \ln k\Big) \\ &= \ln 2 - \ln 1 + \ln 3 - \ln 2 + \cdots + \ln(n+1) - \ln n \\ &= \ln(n+1) - \ln 1 \\ &= \ln(n+1) \end{aligned}$$

이므로

$$\sum_{n=1}^{\infty} \ln\left(1 + \frac{1}{n}\right) = \lim_{n\to\infty} s_n = \lim_{n\to\infty} \ln(n+1) = \infty$$

이다. 즉 주어진 급수는 발산한다.

기본예제 8.3.3. 모든 n에 대하여 $a_n > 0$이고 급수 $\sum_{n=1}^{\infty} a_n$이 수렴한다고 할 때 다음 급수도 수렴함을 보여라.

$$\sum_{n=1}^{\infty} \sqrt{a_n a_{n+1}}.$$

풀이: 임의의 자연수 n에 대하여

$$\sqrt{a_n a_{n+1}} \leq \frac{a_n + a_{n+1}}{2}$$

이 성립한다. 그런데 급수 $\sum_{n=1}^{\infty} a_n$이 수렴하므로 급수

$$\sum_{n=1}^{\infty} \frac{a_n + a_{n+1}}{2}$$

도 수렴한다. 따라서 비교판정법에 의하여

$$\sum_{n=1}^{\infty} \sqrt{a_n a_{n+1}}.$$

도 수렴한다.

보충설명: 위 문제에서 $s = \sum_{n=1}^{\infty} a_n$이라 하면

$$\sum_{n=1}^{\infty} \frac{a_n + a_{n+1}}{2} = \frac{s}{2} + \frac{s}{2} - \frac{a_1}{2} = s - \frac{a_1}{2}$$

이다.

기본예제 8.3.4. 다음 급수는 수렴함을 보여라.

$$1 + \frac{1}{2!} + \frac{1}{3!} + \cdots.$$

풀이: 이 문제는 수열의 극한의 성질을 다룬 예제 2.4.5에서 이미 증명되어 있지만 여기서는 급수를 이용하여 증명해 보기로 하자. (본질적으로 같은 증명이다.)

이 급수의 n번째 부분합을 다음과 같이 s_n으로 정의하자.

$$s_n = 1 + \frac{1}{2!} + \cdots + \frac{1}{n!}.$$

이제 임의의 $\varepsilon > 0$에 대하여 $N > \log_2(\frac{1}{\varepsilon}) + 1$인 자연수 N이 존재하며 이것은 다음 식과 동치이다.

$$\frac{1}{2^{N-1}} < \varepsilon.$$

따라서 $m > n \geq N$일 때

$$\begin{aligned} |s_m - s_n| &= \frac{1}{(n+1)!} + \frac{1}{(n+2)!} + \cdots + \frac{1}{m!} \\ &\leq \frac{1}{2^n} + \frac{1}{2^{n+1}} + \cdots + \frac{1}{2^{m-1}} \text{ (}\Leftarrow\text{ 예제 2.4.5 아래의 보충설명 참고)} \\ &= \frac{1}{2^n}\left(1 + \frac{1}{2} + \cdots + \frac{1}{2^{m-n-1}}\right) \\ &\leq \frac{1}{2^n}\left(\frac{1}{1-\frac{1}{2}}\right) \text{ (}\Leftarrow\text{ 무한 등비급수)} \\ &= \frac{1}{2^{n-1}} \leq \frac{1}{2^{N-1}} < \varepsilon. \end{aligned}$$

이다. 따라서 주어진 급수는 급수의 수렴에 관한 Cauchy 조건을 만족하므로 수렴한다.

참고: Taylor 전개식을 이용하면

$$1 + x + \frac{x^2}{2!} + \frac{x^3}{3!} + \cdots \quad (x \in \mathbb{R})$$

이므로

$$1 + \frac{1}{2!} + \frac{1}{3!} + \cdots = e - 1$$

이다.

기본예제 8.3.5. 급수 $\sum_{n=1}^{\infty} na_n$이 수렴하면 급수 $\sum_{n=1}^{\infty} a_n$도 수렴함을 보여라.

풀이: 급수 $\sum_{n=1}^{\infty} na_n$이 수렴하고 $\{\frac{1}{n}\}$이 수렴하는 단조수열이므로 Abel 판정법을 쓰면

$$\sum_{n=1}^{\infty} na_n \cdot \frac{1}{n} = \sum_{n=1}^{\infty} a_n$$

도 수렴한다.

8.4 필수예제

필수예제 8.4.1. 급수 $\sum_{n=1}^{\infty} a_n$이 절대수렴하면 급수 $\sum_{n=1}^{\infty} a_n^2$이 수렴함을 보여라.

풀이: 급수 $\sum_{n=1}^{\infty} a_n$이 절대수렴하므로 $\sum_{n=1}^{\infty} |a_n|$은 급수의 수렴에 관한 Cauchy 조건을 만족한다. 즉, 임의로 주어진 $\varepsilon > 0$에 대하여 $\varepsilon_0 = \min\{\varepsilon, 1\}$이라 할 때 $N \in \mathbb{N}$이 존재하여 $m \geq n \geq N$이면

$$|a_{n+1}| + |a_{n+2}| + \cdots + |a_m| < \varepsilon_0 \leq 1$$

이다. 따라서

$$|a_k| < 1 \quad (k = n+1, n+2, \ldots, m)$$

이므로

$$a_k^2 = |a_k|^2 < |a_k| \quad (k = 1, 2, 3, \ldots, m)$$

이고 결국 다음을 만족한다:

$$\begin{aligned} |a_{n+1}^2 + a_{n+2}^2 + \cdots + a_m^2| &= a_{n+1}^2 + a_{n+2}^2 + \cdots + a_m^2 \\ &= |a_{n+1}| + |a_{n+2}| + \cdots + |a_m| \\ &< \varepsilon_0 \\ &\leq \varepsilon \end{aligned}$$

그러므로 $\sum_{n=1}^{\infty} a_n^2$은 급수의 수렴에 관한 Cauchy 조건을 만족한다. 결과적으로 $\sum_{n=1}^{\infty} a_n^2$은 수렴한다.

참고: 위 문제에서 '급수 $\sum_{n=1}^{\infty} a_n$이 절대수렴한다'는 가정을 약화시켜 '급수 $\sum_{n=1}^{\infty} a_n$이 수렴한다'로 바꾸면 급수 $\sum_{n=1}^{\infty} a_n^2$이 반드시 수렴한다고 말할 수 없다. 예를 들어

$$a_n = (-1)^{n-1} \frac{1}{\sqrt{n}} \quad (n = 1, 2, 3, \ldots)$$

이라 하면 교대급수 판정법에 의하여 $\sum_{n=1}^{\infty} a_n$은 수렴하지만 $\sum_{n=1}^{\infty} a_n^2 = \sum_{n=1}^{\infty} \frac{1}{n}$은 발산한다.

필수예제 8.4.2. 급수 $\sum_{n=2}^{\infty} \frac{1}{(\ln n)^2}$의 수렴, 발산을 판정하라.

풀이: 우선 $f(x) = \frac{x}{2} - \ln x$라고 정의하면 $f(2) = 1 - \ln 2 > 0$이고 $x \geq 2$일 때

$$f'(x) = \frac{1}{2} - \frac{1}{x} \geq 0$$

이므로 $f(x) > 0$이다. 즉

$$x - 2\ln x > 0 \quad (x \geq 2) \tag{8.4.1}$$

이다. 이제 $g(x) = x - (\ln x)^2$이라 정의하면 $g(2) = 2 - (\ln 2)^2 > 0$이고 식 (8.4.1)을 이용하면

$$g'(x) = 1 - \frac{2}{x}\ln x = \frac{x - 2\ln x}{x} > 0 \quad (x \geq 2)$$

임을 안다. 즉 $x \geq 2$일 때 $g(x) = x - (\ln x)^2 > 0$이다. 따라서

$$\frac{1}{n} < \frac{1}{(\ln n)^2} \quad (n \geq 2)$$

이다. 그런데 $\sum_{n=2}^{\infty} \frac{1}{n}$이 발산하므로 비교판정법에 의하여 급수 $\sum_{n=2}^{\infty} \frac{1}{(\ln n)^2}$은 발산한다.

필수예제 8.4.3. 급수 $\sum_{n=2}^{\infty} \frac{1}{(\ln n)^{(\ln n)}}$의 수렴, 발산을 판정하라.

풀이: $t > e^2$일 때 $\ln t > 2$이므로 $\frac{1}{2}\ln t > 1$이며

$$t^{\frac{1}{2}t} = e^{\frac{1}{2}t\ln t} > e^t$$

이다. 따라서 $t = \ln x$라고 하면 $x > e^{e^2}$일 때

$$(\ln x)^{\frac{1}{2}\ln x} > e^{\ln x} = x$$

이며, 양변을 제곱한 뒤 역수를 취하면 다음을 얻는다.

$$\frac{1}{(\ln x)^{\ln x}} < \frac{1}{x^2} \quad (x > e^{e^2} \approx 1618.18).$$

결과적으로 $n \geq 1619$인 자연수 n에 대하여

$$\frac{1}{(\ln n)^{\ln n}} < \frac{1}{n^2} \tag{8.4.2}$$

이 성립하고 급수

$$\sum_{n=2}^{\infty} \frac{1}{n^2}$$

이 수렴하므로 비교판정법에 의하여 급수

$$\sum_{n=2}^{\infty} \frac{1}{(\ln n)^{(\ln n)}}$$

은 수렴한다.

참고: 식 (8.4.2)가 모든 자연수 n이 아니라 $n \geq 1619$일 때만 성립하는 것은 비교판정법을 사용하는데 있어 전혀 문제가 되지 않는다. 유한개까지의 수열의 합은 어차피 유한한 값이므로 급수의 수렴 발산은 일정한 값 이후의 모든 항의 합이 어떻게 되느냐가 결정해 주기 때문이다.

필수예제 8.4.4. 급수 $\displaystyle\sum_{n=1}^{\infty} \frac{\sin n}{n}$의 수렴, 발산 여부를 판정하라.

풀이: 우선

$$s_n = \sin 1 + \sin 2 + \cdots + \sin n$$

이라고 할 때 $\{s_n\}$이 유계임을 보이자. 삼각함수의 곱을 합·차로 고치는 공식을 이용하면

$$\begin{aligned}
&\left(\sin\frac{1}{2}\right)(\sin 1 + \sin 2 + \cdots + \sin n) \\
= \; & -\frac{1}{2}\left(\cos\frac{3}{2} - \cos\frac{1}{2}\right) - \frac{1}{2}\left(\cos\frac{5}{2} - \cos\frac{3}{2}\right) - \cdots \\
& \qquad\qquad -\frac{1}{2}\left(\cos\frac{2n+1}{2} - \cos\frac{2n-1}{1}\right) \\
= \; & \frac{1}{2}\cos\frac{1}{2} - \frac{1}{2}\cos\frac{2n+1}{2}
\end{aligned}$$

이다. 따라서

$$\begin{aligned} |s_n| = |\sin 1 + \sin 2 + \cdots + \sin n| &\le \left| \frac{\frac{1}{2}\cos\frac{1}{2} - \frac{1}{2}\cos\frac{2n+1}{2}}{\sin\frac{1}{2}} \right| \\ &\le \frac{1}{2}\frac{\left|\cos\frac{1}{2}\right| + \left|\cos\frac{2n+1}{2}\right|}{\sin\frac{1}{2}} \\ &\le \frac{1}{\sin\frac{1}{2}} = \csc\frac{1}{2} \end{aligned}$$

이므로 $\{s_n\}$은 유계이다. 또한 수열 $\{\frac{1}{n}\}$은 0에 수렴하는 단조감소수열이므로 Dirichlet 판정법에 의하여 $\displaystyle\sum_{n=1}^{\infty}\frac{\sin n}{n}$는 수렴한다.

참고: $\sin\frac{x}{2} \neq 0$인 임의의 실수 x에 대하여

$$\left(\sin\frac{x}{2}\right)(\sin x + \sin 2x + \cdots + \sin nx) = \frac{1}{2}\cos\frac{x}{2} - \frac{1}{2}\cos\frac{2n+1}{2}x$$

이므로

$$|\sin x + \sin 2x + \cdots + \sin nx| \le \frac{1}{\left|\sin\frac{x}{2}\right|} = \left|\csc\frac{x}{2}\right|$$

이다. 따라서 Dirichlet 판정법에 의하여

$$\sum_{n=1}^{\infty}\frac{\sin nx}{n}$$

는 수렴한다. 그런데 $\sin\frac{x}{2} = 0$일 때는 $\frac{x}{2} = k\pi\,(k \in \mathbb{N})$이므로 $x = 2k\pi\,(k \in \mathbb{N})$이다. 따라서 모든 $n \in \mathbb{N}$에 대하여

$$\sin x + \sin 2x + \cdots + \sin nx = 0$$

이다. 결론적으로 임의의 실수 x에 대하여

$$\sum_{n=1}^{\infty}\frac{\sin nx}{n}$$

는 수렴한다.

또한

$$\sum_{n=1}^{\infty}\frac{\sin nx}{n} = \frac{\pi - x}{2} \quad (0 < x < \pi)$$

임이 알려져 있다.

필수예제 8.4.5. 급수 $a_1 + a_2 + a_3 + \cdots$이 절대수렴하면 다음이 성립함을 보여라.

$$a_1 + a_2 + a_3 + \cdots = (a_1 + a_3 + a_5 + \cdots) + (a_2 + a_4 + a_6 + \cdots) \tag{8.4.3}$$

풀이: 급수 $\sum_{n=1}^{\infty} a_n$이 절대수렴하므로 $\sum_{n=1}^{\infty} |a_n|$은 급수의 수렴에 관한 Cauchy 조건을 만족한다. 즉, 임의로 주어진 $\varepsilon > 0$에 대하여 $N_1 \in \mathbb{N}$이 존재하여

$$m \geq n \geq N_1 \implies |a_{n+1}| + |a_{n+2}| + \cdots + |a_m| < \varepsilon$$

이다. 이제 $N \geq \frac{N_1+1}{2}$을 만족하는 자연수 N을 잡으면 $j \geq k \geq N$일 때

$$2j - 1 \geq 2k - 1 \geq N_1$$

이므로

$$\begin{aligned} & |a_{2k+1} + a_{2k+3} + \cdots + a_{2j-1}| \\ \leq \; & |a_{2k}| + |a_{2k+1}| + |a_{2k+2}| + |a_{2k+3}| + \cdots + |a_{2j-1}| \\ < \; & \varepsilon \end{aligned}$$

이다. 결국

$$t_n = \sum_{i=1}^{n} a_{2i-1}$$

이라 하면 $\{t_n\}$은 적당한 실수 t로 수렴한다. 마찬가지 방법으로

$$u_n = \sum_{i=1}^{n} a_{2i}$$

라고 하면 $\{u_n\}$도 적당한 실수 u로 수렴한다. 또한

$$s_n = \sum_{i=1}^{n} a_i$$

라고 할 때 $\{s_n\}$도 적당한 실수 s로 수렴하므로

$$s_{2n} = t_n + u_n$$

에서

$$s = \lim_{n\to\infty} s_{2n} = \lim_{n\to\infty} t_n + \lim_{n\to\infty} u_n = t + u$$

이다. 결국 다음이 성립한다.

$$a_1 + a_2 + a_3 + \cdots = (a_1 + a_3 + a_5 + \cdots) + (a_2 + a_4 + a_6 + \cdots)$$

참고: 위 문제의 경우 급수 $a_1 + a_2 + a_3 + \cdots$ 이 절대수렴한다는 가정이 필수적이다. 예를 들어 급수

$$1 - \frac{1}{2} + \frac{1}{3} - \frac{1}{4} + \cdots$$

은 교대급수 판정법에 의하여 수렴하지만 절대수렴은 아니다. 이 경우 홀수 번째 항들의 합이나 짝수 번째 항들의 합은 모두 발산한다. 따라서 이 경우 식 (8.4.3)은 성립하지 않는다.

필수예제 8.4.6. 수열 $\{a_n\}$이 양의 감소수열이고 급수 $\sum_{n=1}^{\infty} a_n$이 수렴하면

$$\lim_{n\to\infty} na_n = 0$$

임을 보여라.

풀이: $\lim_{m\to\infty}(2m)a_{2m} = \lim_{m\to\infty}(2m-1)a_{2m-1} = 0$임을 보이면 된다. (예제 2.3.13 참조) 그런데 $\sum_{n=1}^{\infty} a_n$이 수렴하므로 $\lim_{n\to\infty} a_n = 0$이고

$$s_n = \sum_{k=1}^{n} a_k, \quad s = \sum_{n=1}^{\infty} a_n$$

이라고 하면

$$\lim_{n\to\infty} s_n = s$$

이다. 또한 $\{a_n\}$이 양의 감소수열이므로

$$\begin{aligned} 0 \le m\,a_{2m} &= a_{2m} + a_{2m} + \cdots + a_{2m} \quad (\Leftarrow m\text{개 항의 합}) \\ &\le a_{m+1} + a_{m+2} + \cdots + a_{2m} \\ &= s_{2m} - s_m \end{aligned}$$

에서

$$0 \le \lim_{m\to\infty} m\,a_{2m} \le \lim_{m\to\infty} (s_{2n} - s_n) = s - s = 0$$

이다. 따라서 $\lim_{m\to\infty} m\,a_{2m} = 0$이며, 결국

$$\lim_{m\to\infty} (2m)a_{2m} = 0$$

이다.

한편

$$0 \le (2m-2)a_{2m-1} \le (2m-2)a_{2m-2} \to 0 \ (m \to \infty \text{일 때})$$

이므로

$$\lim_{m\to\infty} (2m-2)a_{2m-1} = 0$$

이다. 그러므로

$$\lim_{m\to\infty} (2m-1)a_{2m-1} = \lim_{m\to\infty} (2m-2)a_{2m-1} + \lim_{m\to\infty} a_{2m-1} = 0$$

이다.

결론적으로

$$\lim_{n\to\infty} na_n = 0$$

이다.

제 9 장

함수열 및 함수열급수

9.1 정의, 정리 및 기본성질

정의 9.1.1. 집합 A가 거리공간의 한 부분집합이며 각각의 자연수 n에 대하여

$$f_n(x) : A \to \mathbb{R}$$

이라고 하자. 임의로 주어진 $x \in A$와 $\varepsilon > 0$에 대하여 다음을 만족하는 $N \in \mathbb{N}$이 존재하면 함수열 $\{f_n\}$은 A 상에서 함수 $f(x) : A \to \mathbb{R}$로 **점마다 수렴**(converges pointwise)한다고 말한다.

$$n \geq N \implies |f_n(x) - f(x)| < \varepsilon.$$

참고: 함수열이 '점마다 수렴'하는 경우 간단히 '수렴한다'고 말하기도 한다.

정의 9.1.2. 거리공간의 부분집합 A와 각각의 자연수 n에 대하여

$$f_n(x) : A \to \mathbb{R}$$

이라고 하자. 임의의 $\varepsilon > 0$에 대하여 다음을 만족하는 $N \in \mathbb{N}$이 존재하면 함수열 $\{f_n\}$은 A 상에서 함수 $f(x) : A \to \mathbb{R}$로 **고르게 수렴**(converges uniformly)한

다 또는 **고른 수렴**(uniform convergence)이 된다고 말한다.

$$n \geq N \implies \text{모든 } x \in A\text{에 대하여 } |f_n(x) - f(x)| < \varepsilon.$$

고른 수렴을 **균등수렴** 혹은 **평등수렴**이라고도 한다.

보충설명: 점마다 수렴에서의 N은 주어진 양수 ε과 주어진 점 $x \in A$에 모두 의존한다. 즉 $N = N(\varepsilon, x)$이다. 반면에 고른 수렴의 경우 N은 주어진 양수 ε에만 의존할 뿐 A에 속하는 특정한 점에 의존하지 않는다. 즉 $N = N(\varepsilon)$이다.

참고: $B(A)$를 A에서 정의된 유계인 함수 전체의 집합이라고 정의하고 f와 g가 모두 $B(A)$에 속할 때

$$d(f, g) = \|f - g\| = \sup_{x \in A} |f(x) - g(x)|$$

라고 정의하면 $(B(A), d)$는 거리공간이 된다. 이 경우 거리공간 $(B(A), d)$에서 함수열 $\{f_n\}$이 f로 수렴할 필요충분조건은 $\{f_n\}$이 A상에서 f로 고르게 수렴하는 것이다.

정리 9.1.3. $\{f_n\}$이 A 상에서 f로 고르게 수렴하면 $\{f_n\}$은 A 상에서 f로 점마다 수렴한다.

정리 9.1.4. $\{f_n\}$이 A 상에서 f로 고르게 수렴하고, 각각의 f_n이 x_0에서 연속이면 f도 x_0에서 연속이다.

참고: x_0가 A의 집적점인 경우 위 정리를 다시 쓰면 다음과 같다:

$$\lim_{x \to x_0} \lim_{n \to \infty} f_n(x) = \lim_{x \to x_0} f(x) = f(x_0) = \lim_{n \to \infty} f_n(x_0) = \lim_{n \to \infty} \lim_{x \to x_0} f_n(x),$$

즉 극한 계산에 있어 $\lim_{x \to x_0}$와 $\lim_{n \to \infty}$의 순서를 바꿔도 된다는 말이다.

따름정리 9.1.5. $\{f_n\}$이 A 상에서 f로 고르게 수렴하고, 각각의 f_n이 A에서 연속이면 f도 A에서 연속이다.

정리 9.1.6. A가 컴팩트이고

(i) $\{f_n\}$이 A에서 정의된 연속함수열이며

(ii) $\{f_n\}$이 A에서 연속함수 f로 점마다 수렴하며

(iii) 임의의 $x \in A$와 $n \in N$에 대하여 $f_{n+1}(x) \leq f_n(x)$이면

$\{f_n\}$은 A 상에서 f로 고르게 수렴한다.

정리 9.1.7. (고른 수렴에 대한 Cauchy 조건) 거리공간의 부분집합 A에서 정의된 함수열

$$f_n(x) : A \to \mathbb{R} \quad (n = 1, 2, 3, \ldots)$$

과 함수 $f : A \to \mathbb{R}$에 대하여 $\{f_n\}$이 f로 고르게 수렴하기 위한 필요충분조건은 다음과 같다:

임의의 $\varepsilon > 0$에 대하여 $N \in \mathbb{N}$이 존재하여

$$m \geq N,\ n \geq N \implies \text{모든 } x \in A\text{에 대하여 } |f_m(x) - f_n(x)| < \varepsilon.$$

정리 9.1.8. (극한과 적분의 교환) $\{f_n\}$이 $[a, b]$ 상에서 f로 고르게 수렴하고, 각각의 f_n이 리만적분가능하면 f도 $[a, b]$에서 리만적분가능하며 다음 식이 성립한다:

$$\lim_{n\to\infty} \int_a^b f_n(x)\, dx = \int_a^b f(x)\, dx. \tag{9.1.1}$$

참고: 식 (9.1.1)을 다시 쓰면 다음과 같다.

$$\lim_{n\to\infty} \int_a^b f_n(x)\, dx = \int_a^b \left(\lim_{n\to\infty} f_n(x)\right)\, dx.$$

정리 9.1.9. (극한과 미분의 교환) 함수열 $\{f_n\}$이 $[a,b]$ 상에서 f로 점마다수렴하고, 모든 n과 $x \in [a,b]$에 대하여 $f_n'(x)$가 존재하고 연속이며 $\{f_n'\}$이 $[a,b]$ 상에서 g로 고르게 수렴하면 f는 미분가능하고

$$g(x) = f'(x) \quad (x \in [a,b])$$

이다. 즉 다음이 성립한다.

$$\lim_{n\to\infty} f_n'(x) = f'(x) \quad (x \in [a,b]). \tag{9.1.2}$$

참고: 식 (9.1.2)를 다시 쓰면 다음과 같다.

$$\lim_{n\to\infty} \frac{d}{dx} f_n(x) = \frac{d}{dx}\left(\lim_{n\to\infty} f_n(x)\right).$$

정의 9.1.10. 거리공간의 부분집합 A에서 정의된 함수열

$$f_n(x) : A \to \mathbb{R} \quad (n = 1, 2, 3, \dots)$$

과 함수 $f : A \to \mathbb{R}$에 대하여

$$s_n(x) = \sum_{k=1}^{n} f_n(x)$$

라고 두자. 만일 s_n이 f로 점마다 수렴하면 $\sum_{n=1}^{\infty} f_n$은 f로 **점마다 수렴**(converges pointwise)한다고 한다. 또한 s_n이 f로 고르게 수렴하면 $\sum_{n=1}^{\infty} f_n$은 f로 **고르게 수렴**(converges uniformly)한다고 한다.

정리 9.1.11. 각 f_n이 집합 A상의 연속함수이고 A상에서 $\sum_{n=1}^{\infty} f_n$이 f로 고르게 수렴하면 f도 A상에서 연속이다.

정리 9.1.12. 각 f_n이 $[a,b]$상에서 리만적분가능하고 $\sum_{n=1}^{\infty} f_n$이 $[a,b]$상에서 f로 고르게 수렴하면 f도 $[a,b]$상에서 리만적분가능하고 다음 식이 성립한다.

$$\int_a^b f(x)\,dx = \sum_{n=1}^{\infty} \int_a^b f_n(x)\,dx.$$

정리 9.1.13. 함수열 $\{f_n\}$이 $[a,b]$ 상에서 정의되고 $\sum_{n=1}^{\infty} f_n$이 f로 점마다수렴하고, 모든 n과 $x \in [a,b]$에 대하여 $f_n'(x)$가 존재하고 연속이며 $\sum_{n=1}^{\infty} f_n'$이 $[a,b]$ 상에서 g로 고르게 수렴하면 f는 미분가능하고

$$g(x) = f'(x) \quad (x \in [a,b])$$

이다. 즉 다음이 성립한다.

$$\sum_{n=1}^{\infty} f_n'(x) = f'(x) \quad (x \in [a,b]).$$

정리 9.1.14. $\{f_n\}$을 집합 A상의 함수열이라 하자. 그러면 $\sum_{n=1}^{\infty} f_n$이 A상에서 고르게 수렴할 필요충분조건은 다음과 같다: 임의의 $\varepsilon > 0$에 대하여 자연수 N이 존재하여

$$n > m \geq N,\, x \in A \implies \left| \sum_{k=m+1}^{n} f_k(x) \right| < \varepsilon.$$

정리 9.1.15. (Weierstrass M 판정법) $\{f_n\}$을 집합 A상의 함수열이라 하자. 만일 양수들의 수열 $\{M_n\}$이 존재하여 각각의 자연수 n과 모든 $x \in A$에 대하여

$$|f_n(x)| \leq M_n$$

이고 급수 $\sum_{n=1}^{\infty} M_n$이 수렴하면 $\sum_{n=1}^{\infty} f_n$은 A상에서 고르게 수렴한다.

정의 9.1.16. 다음과 같은 형태의 함수열급수를 **거듭제곱 급수**(power series) 혹은 **멱급수**라 부른다.

$$\sum_{n=0}^{\infty} a_n(x-a)^n,$$

여기서 a와 $a_1, a_2, a_3, \ldots$은 모두 실수이다.

정리 9.1.17. 거듭제곱 급수

$$\sum_{n=0}^{\infty} a_n(x-a)^n \tag{9.1.3}$$

은 다음 세 가지 경우 중 하나를 반드시 만족한다.

(i) 모든 실수 x에 대하여 거듭제곱 급수 (9.1.3)이 절대수렴하는 경우

(ii) 실수 $R>0$이 존재하여 $|x-a|<R$이면 거듭제곱 급수 (9.1.3)이 절대수렴하며 $|x-a|>R$이면 발산하는 경우

(iii) $x=a$일 때만 거듭제곱 급수 (9.1.3)이 수렴하며 $x \neq a$이면 발산하는 경우

참고: 위 정리에서 (ii)의 경우 R을 거듭제곱 급수 (9.1.3)에 대한 **수렴반지름**(radius of convergence) 혹은 **수렴반경**이라 부른다. 또한 (i)의 경우 수렴반지름 $R=\infty$, (iii)의 경우에는 수렴반지름 $R=0$이라 정의한다.

정리 9.1.18. 거듭제곱 급수 $\sum_{n=0}^{\infty} a_n(x-a)^n$의 수렴반지름을 R이라 하자.

$$f(x)=\sum_{n=0}^{\infty} a_n(x-a)^n \quad (|x-a|<R)$$

이라 하면

(i) 임의의 $0<r<R$에 대하여 $\sum_{n=0}^{\infty} a_n(x-a)^n$은 $[a-r, a+r]$상에서 f로 고르게 수렴한다.

(ii) f는 $(a-R, a+R)$상에서 연속이다.

(iii) $a-R<b<c<a+R$이면 f는 $[b,c]$에서 리만적분가능하고

$$\sum_{n=0}^{\infty} a_n \int_b^c (x-a)^n \, dx$$

는 수렴하며

$$\int_b^c f(x)\, dx = \sum_{n=0}^{\infty} a_n \int_b^c (x-a)^n \, dx$$

이다.

(iv) f는 $(a-R, a+R)$상에서 미분가능하고 $|x-a|<R$이면

$$\sum_{n=1}^{\infty} na_n(x-a)^{n-1}$$

은 절대수렴하고

$$f'(x) = \sum_{n=1}^{\infty} na_n(x-a)^{n-1} \quad (|x-a|<R)$$

이다.

참고: 위 정리는 거듭제곱 급수의 미분 및 적분은 각각의 항별로 미분 및 적분하여 더해준 급수 값과 일치한다는 것을 말해준다. (이 때 수렴반지름의 변화는 없지만 경계에서의 수렴, 발산은 달라질 수 있다.)

또한 (iii)의 경우를 부정적분 형태로 쓰면 다음과 같다. (C는 적분상수이다.)

$$\int f(x)\, dx = \sum_{n=0}^{\infty} a_n \frac{(x-a)^{n+1}}{n+1} + C$$

정리 9.1.19. (Abel의 정리) $\sum_{n=0}^{\infty} a_n$이 수렴하는 급수이면, 멱급수 $\sum_{n=0}^{\infty} a_n x^n$은 $[0,1]$에서 고르게 수렴한다.

정리 9.1.20. (Abel의 극한 정리) $\sum_{n=0}^{\infty} a_n$이 수렴하는 급수일 때

$$f(x) = \sum_{n=0}^{\infty} a_n x^n, \quad 0 \le x \le 1$$

라고 정의하면

$$\lim_{x\to 1} f(x) = f(1) = \sum_{n=0}^{\infty} a_n$$

이다. 즉 f는 1에서 연속이다.

따름정리 9.1.21. 거듭제곱 급수 $\sum_{n=0}^{\infty} a_n x^n$이 어떤 실수 $R \neq 0$에서 수렴한다고 하자.

$$f(x) = \sum_{n=0}^{\infty} a_n x^n \quad (|x| < R \text{ 또는 } x = R)$$

라고 하면

$$\lim_{x\to R} f(x) = f(R) = \sum_{n=0}^{\infty} a_n R^n$$

이다.

정리 9.1.22. (Weierstrass 근사정리) 함수 f가 $[a,b]$에서 연속이면 임의의 $\varepsilon > 0$에 대하여 적당한 다항함수 P가 존재하여 다음을 만족한다.

$$|f(x) - P(x)| < \varepsilon \quad (x \in [a,b])$$

참고: 위 정리로부터 함수 f가 $[a,b]$에서 연속이면 $[a,b]$상에서 f로 고르게 수렴하는 다항함수열 $\{P_n\}$이 존재함을 알 수 있다.

9.2 O, X 문제

다음 명제들에 대하여 참인 것에는 O, 거짓인 것에는 X로 표시하라.

1. 함수열이 고르게 수렴하면 점마다 수렴한다. ( )

2. $\{f_n\}$이 A 상에서 f로 고르게 수렴하고, 각각의 f_n이 x_0에서 연속이면 f도 x_0에서 연속이다. ( )

3. 함수열 $\{f_n\}$이 $[a,b]$ 상에서 f로 고르게 수렴하고, 모든 n과 $x \in [a,b]$에 대하여 $f_n'(x)$가 존재하면 f는 미분가능하고 $\lim_{n\to\infty} f_n'(x) = f'(x)$ $(x \in [a,b])$이다. ( )

4. $\{f_n\}$이 $[a,b]$ 상에서 f로 고르게 수렴하고, 각각의 f_n이 리만적분가능하면 f도 $[a,b]$에서 리만적분가능하다. ( )

5. $f_n(x) = \frac{x}{n}$라고 하면 $\{f_n(x)\}$는 $\mathbb{R}$상에서 $f(x) \equiv 0$으로 고르게 수렴한다. ( )

6. $\displaystyle\sum_{n=1}^{\infty} \frac{\sin nx}{n^2}$는 $\mathbb{R}$상에서 고르게 수렴한다. ( )

7. $\{f_n\}$이 $[0,1]$에서 리만적분가능한 함수들의 함수열이며 함수 f로 점마다 수렴하면 $\displaystyle\lim_{n\to\infty}\int_0^1 f_n(x)dx = \int_0^1 f(x)dx$ 이다. ( )

8. 임의의 연속함수 $f : \mathbb{R} \to \mathbb{R}$에 대하여 f로 고르게 수렴하는 다항함수열 $\{P_n\}$이 존재한다. ( )

9. $\{f_n\}$이 컴팩트 집합 A 상에서 f로 점마다수렴하면 $\{f_n\}$은 A 상에서 f로 고르게 수렴한다. ( )

O, X 문제 정답 및 해설

정답:

문제	1	2	3	4	5	6	7	8	9
정답	O	O	X	O	X	O	X	X	X

해설:

1. 정답: O

   고른 수렴의 정의로부터 고르게 수렴하는 함수열은 점마다 수렴한다.

2. 정답: O

   정리 9.1.4 참조.

3. 정답: X

   $[-1,1]$에서 $f_n(x) = \frac{1}{n}\sin nx$ $(n = 1, 2, 3, \ldots)$라고 정의하면 함수열 $\{f_n\}$은 $f \equiv 0$으로 고르게 수렴한다. (왜냐하면 임의의 $\varepsilon > 0$에 대하여 $N > \frac{1}{\varepsilon}$인 자연수 N을 잡으면

   $$n \geq N,\ x \in [-1,1] \implies |f_n(x) - f(x)| = \left|\frac{1}{n}\sin nx - 0\right| \leq \frac{1}{n} \leq \frac{1}{N} < \varepsilon$$

   이기 때문이다.) 따라서 $[-1,1]$에서 f의 미분값도 모두 0, 즉

   $$f'(x) = 0 \quad (x \in [-1,1])$$

   임을 알 수 있다.

   그렇지만

   $$f_n'(x) = \cos nx \quad (n \in \mathbb{N})$$

이므로

$$\lim_{n\to\infty} f_n'(0) = \lim_{n\to\infty} \cos 0 = 1 \neq 0 = f'(0)$$

이다. 즉 $x=0$일 때

$$\lim_{n\to\infty} f_n'(x) \neq f'(x)$$

이다. 참고로 정리 9.1.9를 보면 극한과 미분의 순서를 바꾸어 계산해도 같은 값이 나오려면 $\{f_n'\}$이 고르게 수렴한다는 조건이 매우 중요한 것을 알 수 있다.

4. 정답: O

정리 9.1.8 참조.

5. 정답: X

예제 9.3.1, 9.3.2 및 그 아래 설명 참조.

6. 정답: O

임의의 자연수 n에 대하여

$$\left|\frac{\sin nx}{n^2}\right| \leq \frac{1}{n^2} \quad (x \in \mathbb{R})$$

이며

$$\sum_{n=1}^{\infty} \frac{1}{n^2}$$

이 수렴하므로 Weierstrass M 판정법에 의하여 $\displaystyle\sum_{n=1}^{\infty} \frac{\sin nx}{n^2}$는 $\mathbb{R}$상에서 고르게 수렴한다.

7. 정답: X

이 문제의 경우 함수열 $\{f_n\}$이 f로 고르게 수렴한다는 조건이 추가로 있으면 주어진 명제가 성립한다. (예제 9.4.5 및 정리 9.1.8 참조)

8. 정답: X

실수 전체에서 정의된 연속 함수 f에 대해서는 Weierstrass 근사정리가 성립하지 않는다. 반례는 예제 9.4.7을 참조할 것.

9. 정답: X

$f_n : [0,1] \to \mathbb{R}$, $f_n(x) = x^n$이라 정의하면 함수열 $\{f_n\}$은 컴팩트 집합 $A = [0,1]$에서 정의되어 있지만 극한 함수

$$f(x) = \begin{cases} 0 & (0 \le x < 1\text{일 때}) \\ 1 & (x = 1\text{일 때}) \end{cases}$$

로 점마다 수렴할 뿐 고르게 수렴하지는 않는다. (예제 9.3.3 참조)

주의: 정리 5.1.29에 의하면 연속함수 f가 컴팩트 집합 A에서 정의되어 있으면 고른 연속이 된다. 그러나 컴팩트 집합에서 정의된 함수열이 점마다 수렴한다고 해서 반드시 고른 수렴이 되는 것은 아니다.

9.3 기본예제

기본예제 9.3.1. $f_n(x) = \dfrac{x}{n}$ $(n \in \mathbb{N})$ 라고 하면 $\{f_n(x)\}$는 $[0, 1]$상에서 $f(x) \equiv 0$으로 고르게 수렴함을 보여라.

풀이: 임의의 $\varepsilon > 0$에 대하여 $N > \frac{1}{\varepsilon}$인 자연수 N을 잡으면

$$n \geq N,\ x \in [0, 1] \implies |f_n(x) - f(x)| = \left|\frac{x}{n} - 0\right| \leq \frac{1}{n} \leq \frac{1}{N} < \varepsilon$$

이므로 $\{f_n(x)\}$는 $[0, 1]$상에서 $f(x) \equiv 0$으로 고르게 수렴한다.

기본예제 9.3.2. $f_n(x) = \dfrac{x}{n}$ $(n \in \mathbb{N})$ 라고 하면 $\{f_n(x)\}$는 $\mathbb{R}$상에서 $f(x) \equiv 0$으로 점마다 수렴하지만 이 수렴이 고른 수렴은 아님을 보여라.

풀이: 임의의 실수 x에 대하여

$$\lim_{n\to\infty} f_n(x) = \lim_{n\to\infty} \frac{x}{n} = 0$$

이므로 $\{f_n(x)\}$는 $\mathbb{R}$상에서 $f(x) \equiv 0$으로 점마다 수렴한다.

그러나 $\varepsilon = 1 > 0$일 때, 임의의 자연수 n에 대하여 $x = 2n \in \mathbb{R}$이라 하면

$$|f_n(x) - f(x)| = \left|\frac{2n}{n} - 0\right| = 2 > 1 = \varepsilon$$

이므로 이 수렴은 고른 수렴이 아니다.

주의: 위의 두 예제를 비교해 보면, 같은 함수열이라 하더라도 그 정의역에 따라 고른 수렴 여부가 달라질 수 있음을 알 수 있다.

기본예제 9.3.3. $f_n : [0, 1] \to \mathbb{R}$, $f_n(x) = x^n$일 때 함수열 $\{f_n\}$의 극한 함수 f를 구하고 이 수렴이 고른 수렴이 아님을 보여라.

풀이: $\{f_n\}$의 극한 함수 f는 다음과 같다:

$$f(x) = \begin{cases} 0 & (0 \leq x < 1\text{일 때}) \\ 1 & (x = 1\text{일 때}) \end{cases}$$

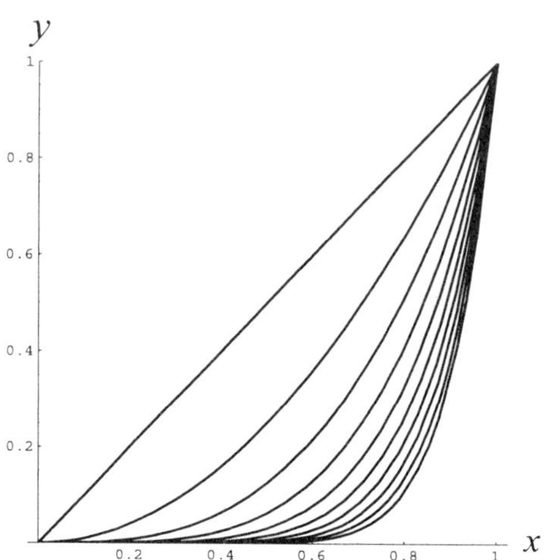

그림 9.3.1: $f_1(x) = x,\ f_2(x) = x^2, \ldots, f_{10}(x) = x^{10}$의 그래프.

따라서 f는 $[0,1]$에서 연속함수가 아니다. 만일 이 수렴이 고른 수렴이라면 f가 연속이어야 하는데 ($\Leftarrow$ 따름정리 9.1.5) f가 연속이 아니므로 이 수렴은 고른 수렴이 아니다.

참고: 위 문제의 수렴이 고른 수렴이 아닌 것을 정의를 이용하여 증명하면 다음과 같다:

$\varepsilon = \frac{1}{2} > 0$이라 할 때 임의의 자연수 n에 대하여

$$x = \left(\frac{2}{3}\right)^{\frac{1}{n}}$$

이라고 하면 $0 \leq x < 1$이며

$$|f_n(x) - f(x)| = x^n = \frac{2}{3} \geq \frac{1}{2} = \varepsilon$$

이다.

기본예제 9.3.4. $f : \mathbb{R} \to \mathbb{R},\ f(x) = \displaystyle\sum_{n=1}^{\infty} \frac{\sin nx}{n^2}$일 때 f는 연속함수임을 보여라.

풀이: 임의의 실수 x와 임의의 자연수 n에 대하여

$$\left|\frac{\sin nx}{n^2}\right| \leq \frac{1}{n^2}$$

이며

$$\sum_{n=1}^{\infty} \frac{1}{n^2}$$

은 수렴하는 급수이므로 Weierstrass M 판정법에 의하여 $f(x) = \sum_{n=1}^{\infty} \frac{\sin nx}{n^2}$은 $\mathbb{R}$ 상에서 고르게 수렴한다. 또한 각각의 n에 대하여 $\frac{\sin nx}{n^2}$은 $\mathbb{R}$ 상에서 연속이므로 $f(x) = \sum_{n=1}^{\infty} \frac{\sin nx}{n^2}$도 $\mathbb{R}$ 상에서 연속이다.

기본예제 9.3.5. 각각의 자연수 n에 대하여

$$f_n : \mathbb{R} \to \mathbb{R}, \quad f_n(x) = n \sin \frac{x}{n}$$

라고 정의할 때 함수열 $\{f_n\}$의 극한함수 f를 구하고 이 수렴이 고른 수렴인지 아닌지 말하라.

풀이: $x = 0$이면 모든 n에 대하여 $f_n(x) = f_n(0) = 0$이므로 $f(0) = 0$이다. 또한 $x \neq 0$이면

$$\lim_{n\to\infty} f_n(x) = \lim_{n\to\infty} n \sin \frac{x}{n} = \lim_{n\to\infty} \frac{\sin \frac{x}{n}}{\frac{1}{n}} = \lim_{n\to\infty} x \frac{\sin \frac{x}{n}}{\frac{x}{n}} = \lim_{t\to 0} x \frac{\sin t}{t} = x$$

이다. 결국 모든 실수 x에 대하여 $f(x) = x$이다.

이제 $\varepsilon = 1 > 0$이라 하면 임의의 자연수 n에 대하여 $x = n^2\pi$일 때

$$|f_n(x) - f(x)| = |n^2\pi \sin n\pi - n^2\pi| = n^2\pi > 1 = \varepsilon$$

이므로 이 수렴은 고른 수렴이 아니다.

기본예제 9.3.6. 다음 함수열 $f_n : [0,1] \to \mathbb{R}$ $(n = 1, 2, 3, \ldots)$의 극한 함수

$$f(x) = \lim_{n\to\infty} f_n(x)$$

를 구하고 이 수렴이 고른 수렴인지 아닌지 말하라.

$$f_n(x) = \begin{cases} 1 & (x = \frac{1}{n}\text{일 때}) \\ 0 & (x \neq \frac{1}{n}\text{일 때}) \end{cases}$$

풀이: $\{f_n\}$의 극한 함수는

$$f(x) = 0 \quad (x \in [0,1]) \tag{9.3.1}$$

이다. 이 수렴이 고른 수렴이 되지 않는 것을 고른 수렴의 정의를 이용하여 증명하면 다음과 같다:

$\varepsilon = \frac{1}{2}$라고 두자. 그러면 임의의 자연수 n에 대하여

$$f_n\left(\frac{1}{n}\right) - f\left(\frac{1}{n}\right) = 1 - 0 = 1 \geq \frac{1}{2} = \varepsilon$$

이다.

기본예제 9.3.7. $f_n(x) = \dfrac{x^2}{x^2+n}$일 때 $\{f_n\}$은 $\mathbb{R}$상에서 $f \equiv 0$에 수렴하지만 고른 수렴은 아님을 보여라.

풀이: 임의의 $x \in \mathbb{R}$와 임의의 $\varepsilon > 0$에 대하여 $N > \dfrac{x^2}{\varepsilon}$인 자연수 N을 택하면 다음이 성립한다:

$$n \geq N \implies |f_n(x) - f(x)| = \left|\frac{x^2}{x^2+n}\right| \leq \left|\frac{x^2}{x^2+N}\right| \leq \left|\frac{x^2}{N}\right| < \varepsilon.$$

따라서 f_n은 f로 점마다 수렴한다.

이제 이 수렴이 고른 수렴은 아니라는 것을 보이자. $\varepsilon = \frac{1}{3}$로 잡으면 임의의 자연수 n에 대하여

$$\left|f_n(\sqrt{n}) - f(\sqrt{n})\right| = \frac{\sqrt{n}^2}{\sqrt{n}^2+n} = \frac{1}{2} \geq \frac{1}{3} = \varepsilon$$

이므로 고른 수렴이 아니다.

기본예제 9.3.8. 다음을 보여라.

$$\lim_{n\to\infty}\int_1^2 \frac{x\sin x}{1+nx^2}\,dx = 0.$$

풀이: 우선 $1 \le x \le 2$일 때 $f_n(x) = \dfrac{x\sin x}{1+nx^2}$라고 정의하고 f_n이 $f \equiv 0$으로 고르게 수렴함을 보이자. 임의의 $\varepsilon > 0$에 대하여 $N > \frac{2}{\varepsilon}$인 자연수 N을 잡으면, $x \in [1,2]$이고 $n \ge N$일 때

$$|f_n(x)| = \left|\frac{x\sin x}{1+nx^2}\right| \le \left|\frac{x}{1+nx^2}\right| \le \frac{2}{1+n} \le \frac{2}{n} \le \frac{2}{N} < \varepsilon$$

이므로 f_n은 $f \equiv 0$으로 고르게 수렴한다. 따라서

$$\lim_{n\to\infty}\int_1^2 \frac{x\sin x}{1+nx^2}\,dx = \lim_{n\to\infty}\int_1^2 f_n(x)\,dx = \int_1^2 \left(\lim_{n\to\infty} f_n(x)\right)dx = \int_1^2 f(x)\,dx = 0$$

이다.

9.4 필수예제

필수예제 9.4.1. $[0,1]$상에서 $\sum_{n=1}^{\infty} x^n(1-x)$으로 정의된 함수열급수의 극한을 구하고 이 수렴이 고른 수렴인지 아닌지 말하라.

풀이: $f_n(x) = x^n(1-x)$라고 정의하고, 주어진 급수의 극한을 f라 하자. 그러면

$$0 \le x < 1$$

일 때 주어진 급수는 무한등비급수 공식으로부터

$$f(x) = \sum_{n=1}^{\infty} x^n(1-x) = \frac{x(1-x)}{1-x} = x$$

이다. 또한 $x=1$일 때는 모든 n에 대하여 $f_n(1) = 0$이므로 $f(1) = 0$이다. 따라서

$$f(x) = \begin{cases} x & (0 \le x < 1\text{일 때}) \\ 0 & (x = 1\text{일 때}) \end{cases}$$

이다. 그런데 각 f_n은 $[0,1]$에서 연속인 반면 f는 $x=1$에서 연속이 아니다. 따라서 이 수렴은 고른 수렴이 아니다.

필수예제 9.4.2. f는 $[a,b]$에서 연속이고

$$\int_a^b x^n f(x)\,dx = 0 \quad (n = 0, 1, 2, \ldots)$$

이면 모든 $x \in [a,b]$에 대하여 $f(x) = 0$임을 보여라.

풀이: 함수 f가 컴팩트 집합 $[a,b]$에서 연속이므로 f는 유계이다. 즉 적당한 실수 $M > 0$이 존재하여

$$|f(x)| < M \quad (x \in [a,b])$$

이다. 또한 f가 $[a,b]$에서 연속이므로 Weierstrass 근사 정리에 의하여 다항함수열 $\{P_n\}$이 존재하여 $\{P_n\}$은 $[a,b]$에서 f로 고르게 수렴한다. 즉, 임의의 $\varepsilon > 0$에 대하여 적당한 자연수 N이 존재하여 $n \ge N$일 때, 모든 $x \in [a,b]$에 대하여

$$|P_n(x) - f(x)| < \frac{\varepsilon}{M}$$

이다. 그러므로

$$|P_n(x)f(x) - f^2(x)| = |f(x)||P_n(x) - f(x)| < M\frac{\varepsilon}{M} < \varepsilon$$

이다. 따라서 $\{P_n f\}$는 $[a, b]$에서 f^2으로 고르게 수렴한다. 결과적으로

$$\int_a^b f^2(x)\,dx = \lim_{n\to\infty}\int_a^b P_n(x)f(x)\,dx$$

가 성립하는데, 문제의 가정에서

$$\int_a^b x^n f(x)\,dx = 0 \quad (n = 0, 1, 2, \dots)$$

이므로

$$P_n(x) = a_n x^n + a_{n-1}x^{n-1} + \cdots + a_1 x + a_0$$

이라고 할 때

$$\begin{aligned} & \int_a^b P_n(x)f(x)\,dx \\ = \;& a_n\int_a^b x^n f(x)\,dx + a_{n-1}\int_a^b x^{n-1}f(x)\,dx + \cdots + a_0\int_a^b f(x)\,dx \\ = \;& 0 \end{aligned}$$

이다. 결국

$$\int_a^b f^2(x)\,dx = 0$$

이 된다. 그런데

$$f^2(x) \geq 0 \quad (x \in [a, b])$$

이고 f^2은 연속함수이므로 예제 7.4.3에 의하여 모든 $x \in [a, b]$에 대하여

$$f(x) = 0$$

이다.

필수예제 9.4.3. $f_n(x) : \mathbb{R} \to \mathbb{R}$, $f_n(x) = \dfrac{2^{n+1}x}{n^n(1 + x^2)}$라고 하자. 이 때 $\displaystyle\sum_{n=1}^{\infty} f_n(x)$는 $\mathbb{R}$상에서 고르게 수렴함을 보여라.

풀이: 우선 임의의 실수 x에 대하여

$$\frac{x}{1+x^2} \le \frac{1}{2}$$

이므로

$$|f_n(x)| = \left|\frac{2^{n+1}x}{n^n(1+x^2)}\right| \le \frac{2^{n+1}}{2n^n} = \frac{2^n}{n^n} \quad (n = 1, 2, 3, \cdots)$$

이다. 이제

$$M_n = \frac{2^n}{n^n}$$

이라고 두면

$$\limsup_{n\to\infty} \sqrt[n]{|M_n|} = \lim_{n\to\infty} \frac{2}{n} = 0 < 1$$

이므로 근판정법에 의하여 급수

$$\sum_{n=1}^{\infty} M_n$$

은 수렴한다. 따라서 Weierstrass M 판정법에 의하여 주어진 급수 $\sum_{n=1}^{\infty} f_n(x)$는 $\mathbb{R}$상에서 고르게 수렴한다.

필수예제 9.4.4. $\lim_{n\to\infty} \int_0^1 e^{\frac{x^4}{n}}\, dx = 1$임을 보여라.

풀이: $0 \le t \le 1$일 때 $g(t) = e\,t - e^t + 1$이라 하면 $g(0) = 0$이고 $g'(t) = e - e^t \ge 0$이므로

$$g(t) \ge 0 \quad (0 \le t \le 1)$$

이다. 즉

$$0 \le e^t - 1 \le e\,t \quad (0 \le t \le 1)$$

이다. 따라서 임의의 $\varepsilon > 0$에 대하여 $N > \frac{e}{\varepsilon}$인 자연수 N을 잡으면, 임의의 $x \in [0, 1]$와 임의의 자연수 $n \ge N$에 대하여

$$\left|e^{\frac{x^4}{n}} - 1\right| \le e\,\frac{x^4}{n} \le \frac{e}{n} \le \frac{e}{N} < \varepsilon$$

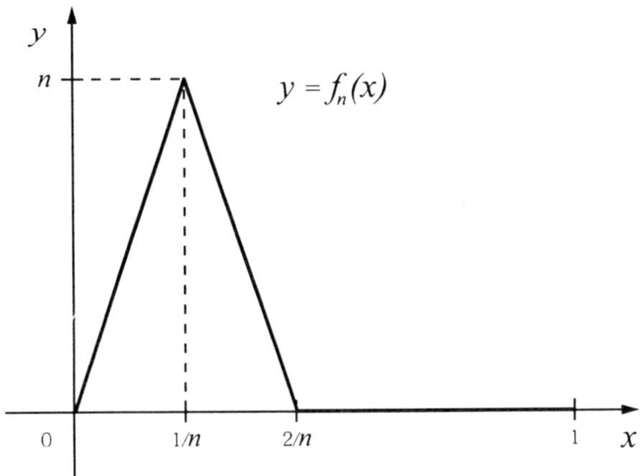

그림 9.4.1: 예제 9.4.5에서 함수 f_n의 그래프. 함수열 $\{f_n\}$은 $[0,1]$에서 $f(x) \equiv 0$으로 점마다 수렴하지만 고른 수렴은 아니다.

이다. 그러므로 $f_n(x) = e^{\frac{x^4}{n}}$이라고 정의할 때 함수열 $\{f_n\}$은 $[0,1]$에서 함수 $f(x) \equiv 1$로 고르게 수렴한다. 따라서

$$\lim_{n\to\infty} \int_0^1 e^{\frac{x^4}{n}}\, dx = \int_0^1 \left(\lim_{n\to\infty} e^{\frac{x^4}{n}} \right) dx = \int_0^1 dx = 1$$

이다.

필수예제 9.4.5. $[0,1]$에서 리만적분가능한 함수들의 함수열 $\{f_n\}$으로써 $[0,1]$상에서 f로 점마다 수렴하지만

$$\lim_{n\to\infty} \int_0^1 f_n(x)dx \neq \int_0^1 f(x)dx$$

로 되는 예를 들어라.

풀이: 각각의 자연수 $n \geq 3$에 대하여

$$f_n(x) = \begin{cases} n^2 x & (0 \leq x < \frac{1}{n}\text{일 때}) \\ -n^2\left(x - \frac{2}{n}\right) & (\frac{1}{n} \leq x < \frac{2}{n}\text{일 때}) \\ 0 & (\frac{2}{n} \leq x < 1\text{일 때}) \end{cases}$$

이라고 하면 f_n은 리만적분 가능하며 적분값은 n에 상관없이 항상 1이다. 또한 함수열 $\{f_n\}$은 $[0,1]$상에서 함수 $f(x) \equiv 0$으로 점마다 수렴한다. (그림 9.4.1 참조) 그러므로

$$\lim_{n\to\infty} \int_0^1 f_n(x)\,dx = \lim_{n\to\infty} 1 = 1 \neq 0 = \int_0^1 f(x)\,dx$$

이다.

보충설명: 함수열 $\{f_n\}$의 극한이 $f(x) \equiv 0$인 것은 $0 < x \leq 1$일 때와 $x = 0$일 때로 나누어 각각의 극한을 계산해 보면 쉽게 알 수 있다. 또한 이 문제의 결과로부터 함수열 $\{f_n\}$은 f로 점마다 수렴하지만 고른 수렴은 아닌 것을 알 수 있다.

필수예제 9.4.6. f_n을 한 집합 A 상의 유계인 함수열이라고 하자. (즉, 모든 $x \in X$에 대하여, $|f_n(x)| \leq M_n$ $(n = 1, 2, 3, \ldots)$이 되는 양수의 수열 $\{M_n\}$이 존재한다.) 이때 $\{f_n\}$이 f로 고르게 수렴 하면 $\{f_n\}$은 고른 유계임을 보여라. 즉, 모든 n과 모든 $x \in A$에 대하여 $|f_n(x)| \leq M$이 되는 양수 M이 존재함을 보여라.

풀이: $\{f_n\}$이 f로 고르게 수렴하므로 $\varepsilon = 1$이라고 하면 적당한 자연수 N이 존재하여

$$n \geq N \implies \text{모든 } x \in A\text{에 대하여 } |f_n(x) - f(x)| < \varepsilon = 1 \tag{9.4.1}$$

이다. 특히 모든 $x \in A$에 대하여

$$|f(x)| - |f_N(x)| \leq |f_N(x) - f(x)| < 1$$

이므로

$$|f(x)| < |f_N(x)| + 1 \leq M_N + 1 \quad (x \in A)$$

이 성립한다. 따라서 식 (9.4.1)을 다시 이용하면 $n \geq N$일 때, 모든 $x \in A$에 대하여

$$|f_n(x)| < |f(x)| + 1 \leq M_N + 1 + 1 = M_N + 2$$

임을 안다. 따라서

$$M = \max\{M_N + 2, M_1, M_2, \ldots, M_{N-1}\}$$

이라 하면 $M > 0$이며 모든 n과 모든 $x \in A$에 대하여

$$|f_n(x)| \le M$$

이 된다.

필수예제 9.4.7. 다음과 같이 정의되는 함수 $f : \mathbb{R} \to \mathbb{R}$를 생각하자.

$$f(x) = \begin{cases} -x & (x < 0\text{일 때}) \\ 0 & (x \ge 0\text{일 때}) \end{cases}$$

이 때, 함수 f로 $\mathbb{R}$상에서 고르게 수렴하는 다항함수열 $\{P_n\}$이 존재할 수 없음을 보여라.

풀이: 만일 f로 $\mathbb{R}$상에서 고르게 수렴하는 다항함수열 $\{P_n\}$이 존재한다고 하면 자연수 N이 존재하여

$$n \ge N \implies |P_n(x) - f(x)| < 1 \quad (x \in \mathbb{R})$$

이며, 특히 $n = N$일 때는

$$|P_N(x) - f(x)| < 1 \quad (x \in \mathbb{R}) \tag{9.4.2}$$

이다. 그러나 $x \ge 0$일 때는 $f(x) = 0$이므로

$$|P_N(x)| = |P_N(x) - f(x)| < 1 \quad (x \ge 0) \tag{9.4.3}$$

이다. 만일 P_N이 1차 이상의 다항식이면

$$\lim_{x \to \infty} |P_N(x)| = \infty$$

이므로 식 (9.4.3)에 모순이다. 따라서 P_N은 0차 다항식, 즉 상수 함수이어야 한다. 따라서 적당한 상수 a에 대하여

$$P_N(x) = a \quad (x \in \mathbb{R})$$

라고 하면 $x < 0$일 때 $f(x) = -x$이므로 식 (9.4.2)에서

$$|a + x| = |P_N(x) - f(x)| < 1 \quad (x < 0) \tag{9.4.4}$$

인데, $x = -|a| - 2 < 0$라 하면

$$|a + x| = \big|a - |a| - 2\big| \geq 2 > 1$$

이므로 식 (9.4.4)에 모순이다. 즉, 함수 f로 $\mathbb{R}$상에서 고르게 수렴하는 다항함수열 $\{P_n\}$이 존재할 수 없다.

필수예제 9.4.8. 다음을 보여라.

$$\pi = 4\left(1 - \frac{1}{3} + \frac{1}{5} - \frac{1}{7} + \frac{1}{9} - \frac{1}{11} + \cdots\right).$$

풀이: 무한등비급수 공식으로부터 $|x| < 1$일 때 다음이 성립한다.

$$\frac{1}{1+x^2} = \sum_{n=0}^{\infty}(-1)^n x^{2n} = 1 - x^2 + x^4 - x^6 + x^8 - x^{10} + \cdots$$

따라서 양변을 적분하면 다음을 얻는다.

$$\tan^{-1} x = \int \frac{1}{1+x^2}\,dx = C + x - \frac{1}{3}x^3 + \frac{1}{5}x^5 - \frac{1}{7}x^7 + \cdots . \quad (|x| < 1)$$

이 식의 양변에 $x = 0$을 대입하여 보면

$$0 = \tan^{-1} 0 = C$$

이므로 $C = 0$임을 알 수 있고 결국 다음을 얻는다.

$$\tan^{-1} x = x - \frac{1}{3}x^3 + \frac{1}{5}x^5 - \frac{1}{7}x^7 + \cdots \quad (|x| < 1)$$

그런데 이 식의 우변에 나타나는 거듭제곱 급수는 $x = 1$일 때

$$1 - \frac{1}{3} + \frac{1}{5} - \frac{1}{7} + \frac{1}{9} - \frac{1}{11} + \cdots$$

이므로 교대급수 정리에 의하여 수렴함을 알 수 있다. 따라서

$$f(x) = x - \frac{1}{3}x^3 + \frac{1}{5}x^5 - \frac{1}{7}x^7 + \cdots \quad (-1 < x \leq 1)$$

이라고 정의하면

$$\tan^{-1} x = f(x) \quad (-1 < x < 1)$$

이며 Abel의 극한 정리 (정리 9.1.20 및 따름정리 9.1.21)에 의하여

$$\begin{aligned} \frac{\pi}{4} &= \tan^{-1} 1 \\ &= \lim_{x \to 1} \tan^{-1} x \\ &= \lim_{x \to 1} f(x) \\ &= f(1) \\ &= 1 - \frac{1}{3} + \frac{1}{5} - \frac{1}{7} + \frac{1}{9} - \frac{1}{11} + \cdots \end{aligned}$$

이다. 따라서 다음을 얻는다.

$$\pi = 4\left(1 - \frac{1}{3} + \frac{1}{5} - \frac{1}{7} + \frac{1}{9} - \frac{1}{11} + \cdots\right).$$

주의: 위의 예에서

$$\lim_{x \to 1} f(x) = f(1)$$

인 부분에서 Abel의 극한 정리가 사용되고 있음에 주의해야 한다.

필수예제 9.4.9. 다음을 보여라.

$$\ln 2 = 1 - \frac{1}{2} + \frac{1}{3} - \frac{1}{4} + \frac{1}{5} - \frac{1}{6} + \cdots.$$

풀이: 무한등비급수 공식으로부터 $|x| < 1$일 때 다음이 성립한다.

$$\frac{1}{1+x} = \sum_{n=0}^{\infty}(-1)^n x^n = 1 - x + x^2 - x^3 + x^4 - x^5 + \cdots$$

따라서 양변을 적분하면 다음을 얻는다.

$$\ln(1+x) = \int \frac{1}{1+x}\,dx = C + x - \frac{1}{2}x^2 + \frac{1}{3}x^3 - \frac{1}{4}x^4 + \cdots \quad (|x| < 1)$$

이 식의 양변에 $x = 0$을 대입하여 보면

$$0 = \ln 1 = C$$

이므로 $C = 0$임을 알 수 있고 결국 다음을 얻는다.

$$\ln(1+x) = x - \frac{1}{2}x^2 + \frac{1}{3}x^3 - \frac{1}{4}x^4 + \cdots \quad (|x| < 1)$$

그런데 이 식의 우변에 나타나는 거듭제곱 급수는 $x = 1$일 때

$$1 - \frac{1}{2} + \frac{1}{3} - \frac{1}{4} + \frac{1}{5} - \frac{1}{6} + \cdots$$

이므로 교대급수 정리에 의하여 수렴함을 알 수 있다. 따라서

$$f(x) = x - \frac{1}{2}x^2 + \frac{1}{3}x^3 - \frac{1}{4}x^4 + \cdots \quad (-1 < x \le 1)$$

이라고 정의하면

$$\ln(1+x) = f(x) \quad (-1 < x < 1)$$

이며 Abel의 극한 정리 (정리 9.1.20 및 따름정리 9.1.21)에 의하여

$$\begin{aligned} \ln 2 &= \lim_{x\to 1} \ln(1+x) \\ &= \lim_{x\to 1} f(x) \\ &= f(1) \\ &= 1 - \frac{1}{2} + \frac{1}{3} - \frac{1}{4} + \frac{1}{5} - \frac{1}{6} + \cdots \end{aligned}$$

이다.

참고: 위 문제는 예제 7.4.1에서는 다른 방법으로 증명되어 있다.

참고문헌

[1] 김락중 외, 해석학 입문, 경문사.

[2] 김성기 외, 해석개론, 서울대학교 출판부.

[3] 김태화, 해석학 입문, 교우사.

[4] 조성진 외, 실해석학, 교우사.

[5] 조영수 외, 해석학, 경문사.

[6] 최운행, 解析學, 경문사.

[7] Apostol, *Mathematical Analysis*, Addison-Wesley Publishing Company.

[8] G. de Barra, *Measure Theory and Integration*, Halsted Press.

[9] A. Browder, *Mathematical Analysis: An Introduction* , Springer.

[10] H. L. Royden, *Real Analysis*, Prentice Hall.

[11] Rudin, *Principles of Mathematical Analysis*, McGraw-Hill, Inc.

[12] A. Torchinsky, *Real variables*, Addison-Wesley Publishing Company.

찾아보기

차영준

서울대학교 수학과 이학사
서울대학교 수학과 이학석사
Purdue University 수학과 이학박사
Purdue University 수학과 박사후 연구원
서울대학교 전기공학부 Graphics & VR Lab 박사후 연구원
현재 : 세종대학교 응용수학과 교수

예제로 배우는 해석학

2008년 2월 20일 초판 인쇄
2008년 3월 3일 초판 발행

저 자 / 차영준
발행자 / 오판근
발행처 / 교우사

주 소 / 서울 동대문구 제기2동 148-19
전 화 / 925-2861(대), 편집부 / 925-2825
팩 스 / 925-2860, 953-2860
E-mail / kw2861 @ chollian. net
http: // www. kyowoo. co. kr
등록 / 1994. 3. 24 제6-0256호

ISBN 978-89-8172-721-5 (93410)

값 **14,000**원